# SÍNDROME DA IMPOSTORA

CB125815

NACIONAL

Anne de Montarlot
Élisabeth Cadoche

# SÍNDROME DA IMPOSTORA

Tradução: Emanuella Feix

**Diretor-presidente:**
Jorge Yunes
**Publisher:**
Claudio Varela
**Editora:**
Bárbara Reis
**Editorial:**
Maria Beatriz Avanso
Julianne Gouvea
**Design editorial:**
Vanessa S. Marine
Isabella Teixeira
**Suporte editorial:**
Nádila Vanessa
William Sousa
**Marketing:**
Bruna Borges
Carolina Bessa
Daniel Moraes
Vitória Costa
**Direitos autorais:**
Leila Andrade
**Coordenadora comercial:**
Vivian Pessoa

*Le syndrome d'imposture*
© This edition is published by arrangement with Éditions de Les Arènes conjunction with its duly appointed agent LVB & Co. Agência e Consultoria Literária, Rio de Janeiro, Brazil. All rights reserved.
© Companhia Editora Nacional, 2025

Todos os direitos reservados. Nenhuma parte desta obra pode ser reproduzida ou transmitida por qualquer forma ou meio eletrônico, inclusive fotocópia, gravação ou sistema de armazenagem e recuperação de informação sem o prévio e expresso consentimento da editora.

1ª edição — São Paulo

**Revisão:**
Joyce Almeida
Halime Musser
**Design de capa:**
Vanessa S. Marine
**Projeto gráfico e diagramação:**
Isabella Teixeira
**Ilustração de capa:**
@goodstudiominsk | Adobe Stock

**DADOS INTERNACIONAIS DE CATALOGAÇÃO NA PUBLICAÇÃO (CIP) DE ACORDO COM ISBD**

M766s Montarlot, Anne de

Síndrome da impostora / Anne de Montarlot, Élisabeth Cadoche ; traduzido por Emanuella Feix. - São Paulo : Companhia Editora Nacional, 2025.
240 p. ; 16cm x 23cm.

Tradução de: Le syndrome d'imposture
Inclui bibliografia
ISBN: 978-65-5881-273-9
ISBN: 978-65-5881-274-6 (Ebook)

1. Psicologia. 2. Síndrome do impostor. I. Cadoche, Élisabeth. II. Feix, Emanuella. III. Título.

2025-3982 CDD 150
CDU 159.9

**Elaborado por Odilio Hilario Moreira Junior - CRB-8/9949**

**Índice para catálogo sistemático:**
1. Psicologia 150
2. Psicologia 159.9

100 anos NACIONAL

ABDR EDITORA AFILIADA

Rua Gomes de Carvalho, 1306 – 11º andar – Vila Olímpia
São Paulo – SP – 04547-005 – Brasil – Tel.: (11) 2799-7799
editoranacional.com.br – atendimento@grupoibep.com.br

# Sumário

A origem 8

O gatilho 8

Na estrada 9

Vertigem 10

Autoconfiança e síndrome da impostora 11

O que é autoconfiança? 11

O que é o sentimento de impostora? 19

Ter confiança em si mesma: a teoria do Self 28

Os vínculos entre autoconfiança e autoestima 34

As origens da falta de autoconfiança nas mulheres 44

Razões históricas 45

Razões sociais 58

Razões familiares 63

Os perfis da síndrome da impostora 70

A perfeccionista 71

A especialista 79

A independente 80

A superdotada 81

A supermulher 83

A devotada 84

A falsa confiante 87

A autoconfiança é oscilante 91

A vida não é como um rio de águas sempre calmas 93

Maternidade e autoconfiança oscilante 103
A autoconfiança vem com a idade 107

O olhar dos outros e o olhar sobre si 110
Escanteada a determinados papéis 112
A ditadura da aparência física 115
Transformadas em um objeto 123
O medo de não ser levada a sério 124
Quando o olhar do outro salva 126
Mudando a maneira de enxergar a si mesma 128

Desafiando a falta de autoconfiança e fazendo dela um motor 131
Combatendo os estereótipos 132
O esporte "hipertrofia" a autoconfiança 133
Orgulho e preconceito 135
"Quando tudo parece perdido, ainda resta a coragem" 136
Um caso exemplar 140

As mulheres entre elas 149
Misoginia feminina: mito ou realidade? 149
Mulheres no trabalho 154
As origens da rivalidade 165
A era da solidariedade entre as mulheres 167
Conclusão 168

A confiança no casal 171
Ligações perigosas 172
O casal de aplicativo de encontro 176
A falta de confiança afeta a sexualidade das mulheres... 181

Criando suas filhas com autoconfiança para virar o jogo 187
Como podemos nos contrapor ao nosso próprio passado e à sociedade 187
Novos olhares sobre a parentalidade 195

O peso das meninas 204

Outras ferramentas 206

A força dos exemplos 210

Como as mulheres autoconfiantes agem 212

Os homens também podem ser exemplos 221

Agradecimentos 227

Notas 229

# A origem

Estamos aglomerados em uma sala de conferência lotada. A palestrante é uma funcionária do alto escalão do governo. Ela nos conta sobre sua formação e sua carreira: Sciences-Po Paris, Escola Nacional de Administração, um cargo de prestígio no governo, grandes responsabilidades, uma carreira internacional, muita experiência e vários prêmios. Bonita e inteligente, ela é um caso de sucesso. A plateia é predominantemente feminina e está deslumbrada. Tanta facilidade, tanto discernimento nas escolhas de suas palavras.

## O gatilho

E, de repente, no decorrer dessa trajetória coroada com louros, ela solta uma frase chocante: "Naquele momento, eu me senti ilegítima, quase uma impostora". Todos ficam surpresos. Minha coautora e eu nos olhamos consternadas: se essa mulher brilhante que fala com a cabeça erguida e de maneira tão articulada é propensa à dúvida, à falta de autoconfiança e a sentimentos de impostora, o que será de nós, pobres plebeus com vidas imperfeitas e ambições limitadas?

A noite continuou sem que ninguém se comovesse com essa frase, que logo foi esquecida na euforia da ocasião. No fim da palestra, toda a plateia aplaude calorosamente, entusiasmada e cheia de esperança. E finalmente entendemos.

Se uma mulher desse gabarito não tem autoconfiança, mas ainda assim consegue chegar ao topo, nós também podemos. É nosso vínculo secreto, nossa semelhança, e isso nos torna irmãs em nossa humanidade. Essa mulher é mais do que uma inspiração, é um modelo a ser seguido. Ela dominou a falta de autoconfiança que é o destino de todas nós. Literalmente, todas nós.

Foi assim que nasceu a ideia e o desejo de buscar a raiz do problema. Por que as mulheres têm tanta falta de autoconfiança, não apenas em suas vidas profissionais, mas também em suas vidas pessoais? Começamos a pensar, pesquisar e fazer leituras, antes de tudo, para buscar informações para nós mesmas.

## Na estrada

Não demorou muito para nos darmos conta de que as atitudes são diferentes para as mesmas habilidades: para alcançar um cargo de responsabilidade, um homem geralmente se porta como um especialista e depois vai procurar aprender. Ele não se sente intimidado com isso e, de fato, tende a superestimar suas habilidades e seu desempenho. Por outro lado, na maioria das vezes, uma mulher terá pensado muito antes de se arriscar, antes de enviar seu currículo ou de manifestar seu interesse em um emprego. Ela precisa se sentir extremamente "pronta" para se dar o direito de ousar se candidatar.

No momento em que a dúvida se instala é quando vem o enfraquecimento, mesmo que a mulher seja superqualificada para o cargo. A ideia de que ela não merece totalmente o cargo de responsabilidade que cobiça ou ocupa, de que deve isso à sorte, e o medo constante de ser descoberta e julgada, perpetua essas crenças limitantes.

Pode-se argumentar que algumas mulheres são movidas pela ambição e muito seguras de si. E que existem homens inseguros. É claro: os homens também são afetados por esse problema. Mas se olharmos apenas para os fatos, se analisarmos os números, o contraste é gritante.

De acordo com um estudo publicado pela Universidade Cornell em 2018, "os homens superestimam suas habilidades e seu desempenho, enquanto as mulheres os subestimam". Outra pesquisa, realizada em 2013 pelo British Chartered Management Institute, no Reino Unido, estabelece "uma ligação entre a falta de confiança das mulheres e seu baixo acesso a cargos de liderança". Um estudo de 2013 da Monster indica que "as mulheres têm expectativas mais baixas do que os homens quando se trata de remuneração. A falta de confiança é uma grande desvantagem para as mulheres". Outros estudos corroboram esses fatos.

## Vertigem

"Ainda sofro um pouco de síndrome da impostora, ela está sempre aqui, mesmo neste momento em que vocês estão me ouvindo. Essa sensação de que vocês não deveriam me levar a sério nunca me deixa. O que eu sei? Estou dividindo isso com vocês porque todos nós temos incertezas sobre nossas habilidades, sobre nosso poder e sobre o que é esse poder." Essa frase, proferida em uma escola lotada no norte de Londres durante uma turnê para apresentar seu livro *Minha história*, foi dita por... Michelle Obama!

O mesmo aconteceu com Simone Veil. Quando assumiu um alto posto do governo francês, ela se convenceu de que estava com os dias contados: "Eu achava que não duraria muito. E dizia a mim mesma: 'Vou cometer um grande erro e acabar sendo mandada embora'".

Esses depoimentos nos fazem pensar que o fenômeno não é casual. Todos esses estudos e números chegam a causar vertigem (apenas 24% das mulheres ocupam cargos de gerência no mundo.[1] Por isso, decidimos nos aprofundar nessa pesquisa com o objetivo de:

- compreender de onde vem essa falta de autoconfiança, como ela se manifesta, como é transmitida, vivenciada e superada;
- descobrir se ela é monolítica (em todas as áreas da vida) ou não, se é estável ou flutuante;
- examinar os casos em que ela se torna uma força motriz;
- buscar ferramentas para reverter essa tendência.

Assim, este livro combina informações e pesquisas científicas, casos e entrevistas, para abordar todas as facetas da falta de autoconfiança, desde a simples dúvida sobre a própria capacidade até sua expressão mais severa: a síndrome da impostora.

Uma de nós é escritora e jornalista, a outra é psicóloga: isso nos oferece um panorama amplo sobre o assunto. Esperamos que estas páginas possam esclarecer e servir de incentivo para a mudança.

# 1
# Autoconfiança e síndrome da impostora

*Ousar é perder momentaneamente o equilíbrio;*
*não ousar é perder a si mesmo.*

Søren Kierkegaard

## O que é autoconfiança?

Autoconfiança pode ser definida como [o] sentimento, [a] consciência que se tem do próprio valor e da qual se extrai uma certa segurança.

Na psicologia, a definição é semelhante. Uma pessoa autoconfiante pode ser simplesmente caracterizada de acordo com dois critérios:

- Ela se sente capaz de atingir o objetivo que estabeleceu para si mesma;
- Ela acredita sinceramente em sua capacidade, suas habilidades e eficiência.

Essa convicção torna possível agir e seguir em frente. A autoconfiança significa que não procrastinamos incessantemente as decisões que precisamos tomar e que podemos embarcar nos projetos que nos motivam.

Nossas ações tomam forma dentro dessa dinâmica de autoconfiança, que confere um senso de realização e traz a promessa de que podemos continuar a nos superar.

A autoconfiança requer três habilidades:

- A pessoa não busca nos outros a validação de que precisa: pelo contrário, ela avança sem se preocupar, com uma potência espontânea, em uma alquimia entre força e flexibilidade;
- A pessoa tem um bom conhecimento de si mesma, de seus pontos fortes e fracos, e encara com honestidade os desafios e desejos;
- A pessoa é capaz de aceitar contratempos, digeri-los, considerá-los como parte do processo normal de vida e aprendizado. Nesse aspecto, a noção de autoaceitação é muito importante. A trajetória acadêmica, o papel na família, a maneira como os fracassos e as vitórias foram tratados por essa mesma família, tudo isso tem um peso.

De modo geral, a autoconfiança é um sentimento que todos querem ter, pois ela permite nos sentirmos bem do jeito que somos, seguir em frente com uma boa dose de audácia, enfrentar riscos e feridas para extrair a essência, a coisa mais preciosa de todas: a sensação de estarmos vivos. Trata-se de acreditar nas possibilidades e tentar.

E por que a autoconfiança é tão importante? Porque ela nos permite encarar a vida, as pessoas e o mundo de uma forma mais serena. Nossos projetos, nossos desafios, nossas escolhas e os imprevistos são vivenciados com uma força calma e fluida. Estamos prontos para nos recuperar e nos adaptar ao que vier pela frente. É mais fácil assumir a responsabilidade diante das dificuldades e fazemos isso com a cabeça fria.

"Tenha confiança em si mesmo" é a fórmula mágica que todas queremos seguir. No entanto, esse sentimento não é estático e varia ao longo da vida – voltaremos a esse assunto mais adiante. Como o filósofo Charles Pépin destaca em seu livro *A confiança em si: uma filosofia*:[1] "Nós não somos: estamos apenas nos tornando. Não temos confiança em nós mesmos? Não tem problema: vamos ter confiança no que podemos nos tornar".

### *Eficaz e competente*

Outros conceitos também contribuíram para essa definição de nosso potencial e de nossas habilidades. Assim, a noção de autoeficácia descrita por Albert Bandura, psicólogo canadense e defensor da teoria da aprendizagem social, contribui para a autoconfiança. Ele descreve a autoeficácia como "o senso de competência que as pessoas têm em relação à sua capacidade de organizar e executar as ações necessárias para atingir um determinado tipo de desempenho".[2]

A autoeficácia é um fator fundamental para a autoconfiança. As pessoas que acreditam em suas habilidades veem as tarefas difíceis como desafios a serem superados e não como ameaças a serem evitadas. Elas não têm medo de estabelecer metas, de se envolver e de se esforçar, mantendo o foco na tarefa e adaptando suas estratégias diante dos obstáculos.

> [As pessoas] encaram possíveis ameaças ou fatores de estresse tendo a confiança de que podem exercer algum controle sobre isso. A perspectiva eficaz melhora o desempenho, reduz o estresse e a vulnerabilidade à depressão. Por outro lado, as habilidades pessoais podem ser facilmente limitadas ou até mesmo anuladas pela dúvida, de modo que pessoas talentosas podem fazer mau uso de suas aptidões em situações que minam sua autoconfiança. Essas pessoas evitam tarefas difíceis em áreas em que duvidam de suas capacidades. Elas têm dificuldade em se motivar, reduzem seus esforços ou desistem rapidamente quando se deparam com obstáculos. Têm poucas aspirações e pouco comprometimento com as metas que decidem seguir. Em situações desafiadoras, se apegam às suas limitações, às dificuldades da tarefa e às consequências do fracasso.[3]

### *Enfrentando os obstáculos*

É interessante observar como as meninas e os meninos enfrentam os obstáculos em busca de realização, sendo a autoconfiança um elemento-chave para encará-los com serenidade. David Dunning, psicólogo americano e professor de psicologia da Universidade Cornell, observou que, quando os exames eram particularmente difíceis, meninos e meninas reagiam de forma diferente.

> Dunning observou que os alunos do sexo masculino normalmente veem o obstáculo como ele é e reagem às notas baixas dizendo: "Nossa, essa matéria é difícil". Isso é conhecido como atribuição externa e, nesse caso, trata-se basicamente de um sinal de resiliência. As mulheres jovens tendem a reagir de forma diferente... É mais como: "Eu não sou boa o suficiente". Trata-se de uma atribuição interna, fator que pode ser debilitante.[4]

Claro, reduzir o problema a uma falha pessoal, a um traço de caráter ou a uma incapacidade só pode culminar em um julgamento errôneo de si mesmo e a uma desvalorização. Consequentemente, isso alterará a convicção de sua própria capacidade em obter sucesso. As meninas têm assim maior tendência a se valer de atribuições internas, o que equivale a pensar: se eu falhar, a culpa é minha. Os meninos, por outro lado, são mais propensos a usar uma atribuição externa: fui reprovado porque a prova foi muito difícil, o professor é muito rígido, e assim por diante. Voltaremos a esse assunto na página 21.

Já o psicólogo François Ruph identifica[5] quatro maneiras pelas quais esse sistema de habilidades é estabelecido:

- Experiências de domínio: "Quando um indivíduo é bem-sucedido em algo, isso promove a crença em suas próprias habilidades. Já o fracasso mina essa crença";
- Aprendizagens vicárias: "Ver pessoas como você serem bem-sucedidas por meio de esforço contínuo aumenta a convicção em sua própria capacidade de ser bem-sucedido também";
- Persuasão social: "As pessoas que foram verbalmente persuadidas de que têm as habilidades necessárias para dominar uma determinada atividade são mais propensas a se empenhar do que aquelas que duvidam de si mesmas";[6]

- Condições fisiológicas e emocionais: "O sentimento deve se refletir na maneira como os outros olham para você e interpretam seu comportamento como expressão de competência".[7]

## *Autoconfiança, filosofia e introspecção*

O sentimento de competência é essencial para a base da autoconfiança, mas pode ser ampliado pela luz da filosofia, que fornece alguns esclarecimentos a mais, principalmente sobre o papel da incerteza. A incerteza e o caráter relativo da existência são inevitáveis e fazem parte da condição humana. Acolher o desconhecido e olhar para ele com a mente aberta, em vez de ignorá-lo, pode ajudar a fortalecer nossa autoconfiança. Mesmo que cometamos erros, ao estarmos munidos de uma sólida confiança, somos capazes de melhor entender esses erros e retomar o trajeto em direção aos nossos objetivos.

"Conhece-te a ti mesmo", gravado na entrada do Templo de Delfos e retomado por Sócrates no *Primeiro Alcibíades*, é um exemplo óbvio do convite à autoconfiança. Esse provérbio teve várias interpretações ao longo do tempo. No século I, Filo de Alexandria preconizava o autoconhecimento como fonte de felicidade: para adquirir sabedoria, teríamos de sondar nossa alma, nossas sensações e nossa razão, para nos preocuparmos com o que nos move e não com o que é externo a nós. No século I d.C., os gnósticos recomendavam questionar a si mesmo, a natureza mais profunda e o destino humano. Incitações ao autoconhecimento em prol da sabedoria.

Os filósofos, psicólogos e psicanalistas nos incentivam a um mergulho introspectivo, pois conhecer a nós mesmos significa evitar que nos dissipemos, que nos percamos nas aparências. Quando sabemos profundamente o que queremos, fazemos as escolhas certas com confiança. Essa é a natureza profunda do *cogito* cartesiano.

***

Apreciar nossa paisagem interna, observar nosso estado mental, identificar nossas emoções e sentimentos, analisar nossos pensamentos são ferramentas de autoconhecimento. A introspecção nos ajuda a identificar nossos pontos fortes e fracos, a gerenciar nossas emoções, a nos adaptar a novas situações, a nos desafiar, a nos questionar. Ao avançarmos nesse processo de autoconhecimento, podemos nos tornar uma versão melhor de nós mesmos.

***

No ritmo acelerado da vida que levamos, a introspecção é necessária, mas isso significa reservar um tempo para si, evitar distrações, redirecionar o foco. O que podemos dizer, então, sobre as mulheres que não conseguem encontrar tempo para si mesmas, para aprenderem a se conhecer? Nicole Brais, pesquisadora da Universidade Laval, em Quebec, define carga mental como um "trabalho de gerenciamento, organização e planejamento que é ao mesmo tempo intangível, inevitável e constante, com o objetivo de satisfazer as necessidades de todos e garantir o bom funcionamento do lar". Essa carga mental, que leva ao estresse e à exaustão, afeta principalmente as mulheres, especialmente as que conciliam essas tarefas com um trabalho formal. De acordo com um estudo em 2010 do Instituto Nacional de Estatística e Estudos Econômicos (INSEE) da França, as mulheres eram responsáveis por 64% das tarefas domésticas e 71% das tarefas parentais. Diante dessa situação, não é de surpreender que elas negligenciem sua paisagem interior...

## *A autoconfiança não é monolítica*

A autoconfiança pode ser variável dependendo da situação: você pode estar muito confiante para captar fundos de investidores, mas muito menos confiante no meio de uma festa em que não conhece muitas pessoas. Ou seja, quando você tem um certo nível de autoconfiança, o desconhecido é um pouco menos aterrorizante, porque você sabe que conseguirá sobreviver sem medo de passar vergonha, de sofrer humilhação ou rejeição.

Independentemente do esquema familiar em que você foi criada, certas experiências infelizes da vida podem evidentemente prejudicar sua autoconfiança, criando um terreno sensível, mesmo que você esteja inicialmente armada com uma confiança sólida. Essa perda pode ser temporária ou não. Uma ruptura de relacionamento inesperada, uma morte, um acidente ou uma doença súbita são traumas que podem questionar certas crenças e mudar perspectivas. Como a filosofia nos diz, a incerteza faz parte da vida e tem o poder de perturbar uma certa ordem com a qual estamos acostumados.

*Elsa,* por exemplo, é uma mulher em seus quase 50 anos. Casada há vinte e cinco, bonita, com dois filhos já na faculdade, é professora de Direito em uma universidade da região. Para quem olha de fora, Elsa tem uma vida dos sonhos, invejável. No entanto, ela minimiza: "Sei que tenho uma vida boa, um trabalho gratificante, sei que meus alunos gostam de mim, que meu marido me ama e que meus filhos agora são independentes e estão preparados para a vida. Apesar de tudo isso, não tenho nenhuma autoconfiança. Tenho consciência de que sou bastante talentosa no campo do Direito, mas fora de minha área de especialização, não acho que eu seja boa o suficiente. Com a idade, engordei alguns quilos que acabam pesando toneladas para mim e não saio de férias com os amigos porque tenho pavor de usar roupa de banho na frente deles. Evito me envolver nas conversas sobre política que fascinam meu marido e nossos amigos, porque o assunto me escapa um pouco. Nunca acho que sou boa o suficiente, e a prova disso é que, quando alguém me elogia por uma de minhas publicações ou por minha aparência, fico vermelha. Meu marido e meus filhos me dizem que sou bonita, mas acho difícil acreditar nisso, e não se trata de falsa modéstia de forma alguma. Quando meus pais dizem isso, eles me fazem sorrir, pois sempre me amaram incondicionalmente. Eu deveria estar muito feliz e estou ciente de que minha falta de autoconfiança talvez seja incompreensível. Mas é assim que as coisas são e isso às vezes afeta minha vida."*

Elsa se realizou em três áreas da sua vida: casamento, carreira e maternidade. Não vivenciou grandes fracassos ou experiências complicadas. Ainda assim, sofre com a falta de autoconfiança e questiona

* Por razões de confidencialidade, os nomes e os detalhes pessoais de todos os depoimentos foram alterados.

suas conquistas. Como acontece com frequência com as mulheres, é difícil identificar claramente os motivos apresentados, e eles são descritos mais como impressões do que como fatos. Essa sensação de indefinição se manifesta particularmente quando uma mulher obtém "sucesso" nas principais áreas da família e da carreira. Com o passar do tempo, é preciso se projetar novamente e recriar um significado. Os cinquenta anos costumam ser um momento para fazer um balanço e rever as perspectivas.

Ela gostaria de se sentir competente em outros assuntos além do Direito, para que pudesse se atrever a tomar a palavra ao lado do marido. Sua autoestima também dependeria, por isso, de ser culta e especialista em vários campos.

O controle sobre o corpo, que com o tempo nos trai, também é um motivo de decepção e vergonha. A percepção do próprio corpo está em total contradição com a visão idealizada do corpo feminino promovida em nossas sociedades ocidentais. Em uma narrativa tóxica em que as mensagens de felicidade e beleza rimam com "ser magra e perfeita", é difícil não se sentir à margem. O desejo de perfeição, seja em termos estéticos ou em qualquer outra área, é outro sistema distorcido de pensamento que contribui para minar nossa autoconfiança. Elsa demonstra muitas facetas de sua falta de autoconfiança, incluindo uma baixa autoestima, o medo de como os outros a veem e uma imagem negativa sobre seu corpo.

Mesmo quando as mulheres são bem-sucedidas em suas vidas pessoais e profissionais, a insatisfação com o corpo continua exercendo um impacto notável. Muitas se incomodam com três quilos a mais, com uma protuberância, um pequeno detalhe que só elas percebem. Apenas 42% das mulheres afirmam estar satisfeitas com seus corpos.[8] Voltaremos a esse assunto com mais detalhes nos próximos capítulos.

## O que é o sentimento de impostora?

### *Quanto mais sucesso você tem, mais você duvida de si mesma*

Embora a falta de autoconfiança possa diminuir com ações e realizações, a síndrome da impostora é uma variante espinhosa e perversa que pode ser descrita pela seguinte frase: quanto mais bem-sucedida uma pessoa é, mais ela duvida do que conquistou.

E é aí que reside a dor desse fenômeno: ele persiste e se alimenta, ironicamente, dos sucessos que a pessoa consegue acumular. Quanto mais bem-sucedida ela é, mais a ansiedade se instala. O sucesso prende a pessoa em um ciclo vicioso, incentivando-a a pensar de forma distorcida: "Ufa! Consegui enganar todo mundo de novo sem ser descoberta, desta vez consegui me safar!".

Evidências externas concretas de sucesso são sistematicamente ignoradas e até criticadas. Embora uma pequena dose de dúvida seja necessária para se ter uma visão objetiva, o sentimento de impostora impede que a pessoa aceite seus sucessos e até a convence do contrário. Assim, ela sempre acredita que está enganando a todos sobre seu nível "real" de capacidade e inteligência. É a receita perfeita para aumentar a ansiedade.

E é por isso que a síndrome da impostora geralmente atinge mulheres brilhantes.

*Vamos conhecer o caso de Joséphine. Aos 35 anos e com um diploma de doutorado, ela está mais do que pronta para assumir um novo cargo de gerente de uma grande empresa. Eram trinta candidatos. Ela passou por cinco entrevistas e sabia como responder a todas as perguntas, antecipar todas as objeções e superar todos os obstáculos. Na entrevista final, seus futuros colegas a cumprimentaram calorosamente e lhe deram as boas-vindas. Ao sair, ela deveria ter telefonado para o namorado, a irmã e a melhor amiga. "Só me dei conta do que tinha acabado de acontecer: eu tinha conseguido o emprego. Mas não conseguia comemorar. Eles iam perceber que estavam errados. Eu nunca conseguiria!". Joséphine se recusou a comemorar essa conquista extraordinária.*

Desde então, ela viveu um festival de suores frios e insônia. Geralmente é durante transições significativas que a síndrome da impostora é sentida com mais intensidade. Pode ser ao conseguir um novo emprego, como aconteceu com Joséphine, no início de um novo curso ou em uma nova etapa da vida.

Portanto, Joséphine não é apenas extremamente qualificada, mas também estava apta a passar em todas as etapas do processo seletivo que são consideradas extremamente estressantes. Ela foi capaz de usar suas muitas habilidades e competências para comunicar seu conhecimento com o tom e a convicção necessários. O timbre de sua voz não denunciou nenhuma hesitação. Sua motivação, suas ambições e, por último, mas não menos importante, a maneira como ela conseguiu entusiasmar os diretores com uma anedota bem-humorada são provas de que ela possui um repertório de qualidades alinhado com as responsabilidades do cargo e as exigências de seu novo empregador.

A soma de todas as suas qualidades não foi capaz de amenizar a sensação de incerteza sobre seu novo papel. Nada pôde dissuadi-la: ela não achava ser a pessoa certa para aquele posto, e que não demoraria muito para todos perceberem. Ela não se permitiu a menor sensação de segurança, confiança ou entusiasmo depois de receber a boa notícia de que havia sido selecionada. Apesar de suas realizações e habilidades de liderança, ela não se sentia capaz de motivar, inspirar ou gerir conflitos em sua nova equipe.

Aterrorizada pela ideia de não ser capaz de realizar bem o seu trabalho, ela estabeleceu um padrão severo para si mesma e para seus assistentes nos meses que se seguiram, impondo horários de trabalho insanos que gradualmente foram isolando Joséphine de qualquer vida social. Embora sempre recebesse felicitações em interações breves nos corredores ou em reuniões de feedback, o peso dessa pressão a levou a transformar a nova experiência profissional em uma maratona. Diante dos comentários positivos de seu chefe, ela não sabia mais se ficava satisfeita ou envergonhada. Tudo era confuso e preocupante, e foi quando percebeu estar à beira de burnout que ela finalmente decidiu procurar ajuda.

### *Um problema de "atribuição"*

Outra característica é que as pessoas que se sentem impostoras acreditam não merecerem o sucesso que têm, sucesso que elas atribuem à sorte ou ao acaso. É quando entra em ação a chamada "teoria da atribuição", um mecanismo identificado pela primeira vez em 1958 por Fritz Heider. Existe um viés cognitivo nas mulheres que se sentem impostoras.

Em geral, as pessoas atribuem seu sucesso (uma boa nota, uma conquista no campo profissional ou em outra área da vida) a uma causa interna ("consegui, pois fui competente") que é duradoura e sobre a qual elas podem exercer certo controle, como se organizar para alcançar o objetivo. Para as pessoas com sentimento de impostoras, as causas do sucesso são puramente externas, ou seja, instáveis e fora de seu controle. Essas causas externas podem ser a sorte, a gentileza ou falta de critério dos outros. Nunca seu próprio mérito.

### *Um pensamento paralisante e permanente*

Em 1978, as psicólogas estadunidenses Pauline Rose Clance e Suzanne Imes deram um nome a esse fenômeno particular e extremo da dúvida: "síndrome do impostor". Voltaremos a essa história na página 27. O conceito vem sendo revisto ao longo dos anos e agora é comumente chamado de "experiência do impostor", que está cada vez mais presente em nossas sociedades ocidentais, atraídas pelo culto ao desempenho, no qual muitas vezes é preciso ter um alto rendimento para se sentir valorizado, e o sucesso é a única garantia de receber amor e atenção.

***

A experiência do impostor não é considerada um transtorno mental (não aparece no manual psiquiátrico de transtornos mentais, o DSM-5[9]. A síndrome revela, porém, uma maneira paralisante de pensar que privilegia apenas certas crenças sobre si mesmo, em que a impressão de "não ser bom o suficiente" e de não pertencer ao próprio lugar é extremamente presente. Nessa situação, é até mesmo possível se questionar: "Eu realmente tenho o direito de reivindicar essa posição, essa promoção?".

Sentir-se um impostor significa viver com um medo angustiante, enquanto se exibe uma aparente serenidade. É um medo de ser pego no flagra por não estar de acordo com os padrões dos seus superiores, por exemplo. A noção de legitimidade está ausente, principalmente entre as mulheres, para quem o critério de sucesso (influenciado por uma definição de sucesso baseada no gênero) é semelhante a status e poder, conceitos com os quais as mulheres às vezes se sentem desconfortáveis.

## *Uma armadilha mental*

A psicóloga clínica, Jessamy Hibberd, escreveu um livro[10] no qual ela explica como a síndrome da impostora é uma armadilha mental.

> Mesmo alcançando o sucesso, existe uma batalha constante entre saber e sentir. As pessoas que se sentem impostoras têm muita dificuldade em internalizar seus sucessos. Toda vez que você faz algo bem-feito, você atribui fatores externos para si mesmo, mas toda vez que faz algo menos bem ou malfeito, leva isso para o lado pessoal. Você é responsável por tudo. É uma visão tendenciosa que funciona quase como um preconceito, onde você multiplica as evidências para dar crédito a essa visão. Essa síndrome é uma combinação de autocrítica, dúvida e medo do fracasso, combinada com uma estranha valsa que nos faz oscilar entre se sobrecarregar e procrastinar.

Ela explica a diferença entre a falta de autoconfiança e a síndrome do impostor:

> Quando você tem uma meta e não tem muita autoconfiança, não sabe realmente se ou como vai chegar lá, mas se trabalhar duro e se dedicar, pode alcançar seus objetivos e ficar feliz com isso. Para uma pessoa que sofre da síndrome do impostor, a ansiedade também estará presente, ela também trabalhará duro, mas quando atingir seu objetivo, ela vai minimizar o sucesso. Elas não conseguem mudar a maneira de enxergar isso. Para elas, a queda é inevitável, com a impressão de ficar ainda mais visível e sob pressão. O sucesso não é compatível com a imagem que elas têm de si.

### *De onde vem esse sentimento?*

De acordo com Jessamy Hibberd, uma parte dessa síndrome é inata, e outra parte é adquirida. Assim, nada é determinado ou fixo. Algumas pessoas nascem com um temperamento bastante ansioso que pode ser modificado por uma educação que estimule a autoconfiança.

Por outro lado, é possível nascer com boa autoestima e uma autoconfiança sólida e perder esse potencial: uma criança que cresce ouvindo coisas negativas (um dos mais fortes marcadores do sentimento de impostor) se depara com uma mensagem confusa. Pouco a pouco, a dúvida crônica se instala. Duvidar, não ter certeza de si mesmo é algo humano, mas quando se torna crônico, torna-se uma grande barreira. Especialmente porque vivemos em um mundo que nos exorta a dar a melhor versão de nós mesmos: "Viva sua vida ao máximo! Viva sua vida ao máximo!". E se, em vez disso, disséssemos apenas: "Viva sua vida!"?

No próximo capítulo, voltaremos a falar em detalhes sobre a origem dessa insegurança em particular, mas já podemos trazer uma evidência. Em uma sociedade ultracompetitiva na qual o desempenho e o sucesso são colocados como valores absolutos — e veiculados pelo falso espelho das redes sociais —, a vida parece ser um quadro perfeito. Nesse contexto sociocultural, são três as razões principais pelas quais tantas mulheres experimentam um sentimento de impostora:

- A pressão constante (desempenho e imagem) em um cenário de baixa autoconfiança alimenta a incerteza sobre suas habilidades;
- A falta de representação das mulheres em cargos de liderança em determinadas áreas do setor as torna mais expostas e mais solitárias;
- Os clichês que, apesar dos avanços da sociedade, permanecem reverberando: "as mulheres não gostam de negociar", "elas têm dificuldade em lidar com as esferas de poder", "elas são mais sensíveis", "elas têm ou querem ter filhos, e filhos ficam doentes", "elas não querem realmente liderar".

### *As consequências de se sentir impostora*

Sofrer um burnout é o primeiro risco. Atingir os objetivos evitando ser detectada é fisicamente exaustivo, uma enorme fonte de estresse que pode levar ao esgotamento. A pessoa se esforça muito para antecipar o menor erro que reforçaria esse sentimento de dúvida e incompetência.

Por outro lado, o sentimento de impostora também pode se manifestar por meio de uma inércia total, na forma de procrastinação, que é definida como a tendência abusiva de deixar tudo para depois. Todos nós adiamos às vezes uma tarefa quando ela é difícil ou dolorosa, mas quando isso se tornar um hábito, uma maneira sistemática de reagir ao que aparece em nosso caminho, acabamos nos deparando com complicações mais graves. Perdemos oportunidades, decepcionamos as pessoas ao nosso redor, entramos em um círculo vicioso que confirma que não temos valor. Essa leitura tendenciosa, devido ao medo do fracasso e à baixa autoconfiança, destrói a motivação de que precisamos para abraçar nossas ambições.

O terceiro risco é que a vida profissional se torne maçante, porque não nos permitimos realmente saborear nosso sucesso ou nos esforçar na direção que queremos.

Por fim, além dessas crenças limitantes, a maneira como vemos as habilidades de outras pessoas também é distorcida. Nessas circunstâncias, imaginamos frequentemente que aqueles que trabalham conosco são dotados de autoconfiança absoluta e não sofrem esse tipo de julgamento interno. Eles são tão diferentes de nós, que merecem estar ali! O medo nos faz sofrer em silêncio. Será que algum dia conseguiremos estar do lado vencedor? A partir do momento em que acreditamos que merecemos pouco ou nada, que nossos sucessos são roubados, fruto de oportunismo ou até mesmo do acaso, como podemos justificar nosso lugar?

### *Medo de ser bem-sucedida?*

Esse medo de ser desmascarada não revelaria também, diante de nossa liberdade, um tremor existencial capaz de nos paralisar? Uma forma velada de não querer assumir nossa liberdade e, portanto, nossa responsabilidade? De acordo com Sartre, “estamos condenados a ser livres”, e essa condição humana carrega consigo a noção de responsabilidade. Homem ou mulher, uma pessoa livre é, portanto, uma pessoa que é responsável pelo que faz... Se somos responsáveis pelos nossos sucessos, também somos responsáveis pelos nossos erros! Essa angústia existencial é mais aguda quando sofremos de um sentimento de impostora.

Esse tipo de ansiedade e insegurança corrosiva sobre quem você é ou o que é capaz de fazer é um pouco como o medo do sucesso. É o medo de se permitir a possibilidade de sucesso, de reconhecer suas habilidades, especialmente em uma sociedade em que o sucesso é elevado à categoria de valor supremo e incutido desde a infância, quando as crianças são frequentemente submetidas à aceitação condicional (ou o que Carl Rogers chama de "olhar condicional"). O psicólogo Kevin Chassangre explica: "Nossa sociedade tende a ensinar às crianças que você é uma boa pessoa se tiver sucesso e uma má pessoa se fracassar".[11]

A escritora estadunidense Marianne Williamson põe o dedo na ferida desse fenômeno: "Nosso medo mais profundo não é o de sermos incapazes, nosso medo mais profundo é o de sermos poderosos além da medida. É a nossa luz, não nossa escuridão, que mais nos assusta. Nós nos perguntamos 'Quem sou eu para ousar ser brilhante, magnífico, talentoso, fabuloso?' Mas, na verdade, quem sou eu para não ser?".[12]

Você precisa se permitir ter sucesso, brilhar e ser feliz, mas isso geralmente é uma ilusão quando o sentimento de ilegitimidade persiste, porque, no caso de mulheres, elas continuam sendo as maiores inimigas de si mesmas. O medo de ser descoberta e julgada a confina em uma zona de conforto: ela nega a si mesma o sucesso e se tranca em um sistema que perpetua essas crenças limitantes. Ela se sente insatisfeita e, como o mundo do trabalho e a sociedade não refletem uma imagem positiva dela, o sentimento de dúvida se torna ainda mais arraigado.

*Sophie tem 32 anos e trabalha em um centro cultural em Bordeaux, mas queria muito uma oportunidade de trabalho em um museu no norte da França. "Para ficar mais perto da minha família e, acima de tudo, para realizar meu sonho de ser curadora. É um sonho que tenho desde que me formei na Escola de Belas Artes. Mas meu emprego atual está indo muito bem, meu chefe está feliz com meu trabalho e acabou de me atribuir novas responsabilidades que podem direcionar minha carreira para um maior reconhecimento e permitir que eu me torne curadora." Sophie tem dificuldade em lidar com essa situação e sente como se estivesse perdendo o controle, começando a faltar a reuniões importantes, pedindo ajuda aos recursos humanos — em resumo, ela não consegue dar conta. Foi nesse momento que ela recebeu uma mensagem do museu de Lille, convidando-a para uma entrevista. "Não fui", disse ela.*

Por que essa sabotagem? À medida que as demonstrações de estima e de confiança aumentavam, tudo ia se deteriorando para Sophie. Ela ouve e traduz as declarações positivas como ordens para superar o desempenho e se sente quantificada, mensurada e obrigada a não decepcionar. Ela pensa, rumina, analisa, e não faz nada além de andar em círculos. Não é apenas seu futuro que está em risco, porque está convencida de que tudo foi obra do um acaso, mas seu presente, que a paralisa com o aumento das responsabilidades. Assim como no passado, ela começa a procrastinar e a enterrar a cabeça na areia quando surge um problema, dizendo a si mesma que não é capaz de suportar o menor arranhão. Para ela, se a tarefa atual não for bem-sucedida, tudo estará arruinado.

É claro que não há nada de objetivo em tudo isso, e essa visão distorcida funciona como uma armadilha que a leva a ver o mundo em preto e branco. Quanto à proposta no museu em Lille, para ela, é uma ilusão. A ansiedade que Sophie sente mina toda a sua confiança e a leva à inércia.

As mulheres são estatisticamente mais afetadas pela ansiedade do que os homens. Também se preocupam mais com o que os outros podem pensar delas. Como resultado, são mais propensas ao estresse e ao desencorajamento, o que pode exacerbar a falta de autoconfiança e o sentimento de impostora.

Esse sentimento de não se encaixar vai além e inclui as minorias que podem sofrer mais com a falta de autoconfiança. Seja por uma questão de orientação sexual ou de gênero, essa diferença em relação à norma pode alimentar e acentuar o sentimento de impostora.

### *A descoberta desse conceito terapêutico*

Antes que um nome viesse a dar significado a esse problema na década de 1970, a dra. Suzanne Imes e a dra. Pauline Rose Clance, duas psicólogas clínicas que cunharam o termo "síndrome do impostor" e o tornaram famoso, não tinham sido poupadas desse sentimento difuso e difícil de identificar.

> Durante uma aula em uma universidade em Ohio, Clance percebeu que suas alunas estavam sofrendo com os mesmos sentimentos de dúvida e sentimentos de impostora que ela mesma havia experimentado quando era estudante. Ela conta: "Percebi que as estudantes estavam cheias de questionamentos sobre suas habilidades e angustiadas em relação ao sucesso, dizendo coisas como: 'Estou com medo, desta vez vou ser totalmente reprovada no exame'. Mas, quando lhes perguntei se alguma vez haviam sido reprovadas em um exame, responderam que suas notas eram na verdade excelentes. Uma delas comentou: "Eu me sinto como uma impostora aqui, no meio de todas essas pessoas inteligentes".[13]

A palavra veio como uma epifania!

Seguindo os passos de Clance e Imes na década de 1980, a dra. Valerie Young (hoje uma autora e palestrante internacionalmente conhecida sobre o assunto) vislumbrou seu destino profissional enquanto procrastinava e ficava ruminando como conseguiria iniciar sua tese, petrificada pela insegurança. Ela relata sua experiência no site que criou, disponível em inglês: impostorsyndrome.com.

Como em todas as histórias de sucesso, foi em uma conversa que Young ouviu pela primeira vez a expressão "síndrome do impostor". Duas alunas estavam lendo a pesquisa de Imes e Clance e comentavam sobre o assunto. Impressionada, Young se reconheceu na descrição e também identificou o que uma grande parte de seus alunos, especialmente as meninas, estava sentindo. Foi então que decidiu dedicar sua tese ao tema e criar um grupo de apoio com os outros estudantes.

O resto virou história. Ela organizou um primeiro workshop terapêutico chamado "Superando a síndrome do impostor: problemas de competência e autoconfiança", que foi um grande sucesso e confirmou a necessidade de abordar esse problema de maneira mais ampla. Em 2001, lançou um novo workshop: "Como se sentir tão inteligente e competente quanto todos parecem pensar que você é: por que homens e mulheres inteligentes sofrem da síndrome do impostor e o que pode ser feito?".

Clance, Imes e Young têm uma coisa em comum: sofrem de uma falta particular de autoconfiança. Unidas por uma solidariedade e uma sororidade invisíveis que se estendem por décadas, elas dão a impressão de estarem de mãos dadas, revezando-se para entender, identificar e oferecer soluções. Por meio de livros, oficinas de conscientização, palestras, exercícios e ferramentas de avaliação (incluindo a Escala Clance da Síndrome do Impostor), todas elas contribuíram, cada uma a seu modo, para uma melhor compreensão dessa síndrome.

## Ter confiança em si mesma: a teoria do Self

### *A psicologia humanista e a abordagem centrada na pessoa*

Muito já foi escrito sobre a teoria do "eu", também conhecida como "self", que desempenha um papel importante na psicologia ocidental. Em uma breve revisão histórica, após o surgimento da psicanálise, inaugurada por Freud e seus discípulos no início do século XX, outras teorias e práticas terapêuticas se desenvolveram na maioria dos países ocidentais. Na década de 1940, houve duas grandes correntes: o behaviorismo e a psicologia humanista, com destaque para Abraham Maslow. Essa psicologia, também conhecida como "psicologia humanista existencial", desenvolve um conceito do ser humano como um ser fundamentalmente bom, que pode se desenvolver positivamente ao se libertar do condicionamento que o limita. Graças a Carl Rogers, essa abordagem deu origem a um movimento terapêutico criado nos Estados Unidos na década de 1950 e chamado de Abordagem Centrada na Pessoa (ACP). Abraham Maslow, Carl Rogers e George Kelly, entre outros, colocaram o "eu" no centro da abordagem terapêutica e da teoria da personalidade.

Quais são as características dessa abordagem? Em primeiro lugar, como o nome sugere (Abordagem Centrada na Pessoa), o terapeuta se concentra no indivíduo, e não no problema. Ele estabelece um vínculo de empatia com o indivíduo – o que é muito diferente da neutralidade psicanalítica – colocando-se no lugar do cliente[14] em uma atmosfera de confiança e sem julgamentos. Essa forma de trabalhar é muito importante em contexto de falta de confiança. O terapeuta assume um olhar de aceitação que encoraja os pacientes, especialmente as mulheres, que são constantemente julgadas. Por fim, a abordagem humanista é caracterizada pela não diretividade, o que significa que o terapeuta não tenta dirigir o processo.

## CARL ROGERS E AS TERAPIAS HUMANISTAS

A psicologia humanista existencial é frequentemente chamada de "terceira via". Carl Rogers (1902-1987) se descrevia como um "revolucionário silencioso" e conquistou uma legião de pesquisadores e clínicos que achavam os outros dois sistemas dominantes da década de 1950 (psicanálise e behaviorismo) desumanizados e frios.

Rogers se inspirou na fenomenologia (Husserl em particular) e no existencialismo (Sartre), construindo uma ponte entre a psicologia e a filosofia. Portanto, não se trata apenas de uma abordagem psicológica, mas também de uma filosofia de vida baseada em uma visão positiva do ser humano.

De modo geral, de acordo com a Abordagem Centrada na Pessoa, todos os seres humanos dispõem de tudo do que precisam para funcionar plenamente e se autodeterminar, desde que permaneçam muito próximos de sua própria experiência profunda, ou seja, do próprio amálgama de percepções corporais e sensoriais, dos sentimentos e da avaliação que fazem deles, que é o que Rogers chama de "eu organísmico". Essa motivação inicial é um dos pilares da teoria rogeriana, uma espécie de bússola essencial e subjetiva a cada indivíduo, que permite que ele navegue pela vida, faça suas próprias escolhas e, assim, realize seu potencial, conhecido como "tendência à atualização" – a possibilidade de realizar a si mesmo ao assumir sua liberdade.

### O conceito do "eu" ("self")

O conceito do "eu" ("self"), que ele define como "um conjunto de percepções e crenças organizadas e coerentes sobre si mesmo",[15] pode ser resumido no seguinte questionamento: "Quem sou eu?". Quem sou eu como indivíduo? Que respostas subjetivas, sejam elas positivas ou negativas, resultam disso? Elaboramos uma folha descritiva multidimensional, que abrange todo o conhecimento que temos sobre nós mesmos e nos dá um senso de "eu". É uma autodefinição muito rica e subjetiva que destaca sua capacidade de refletir sobre si mesmo, de compreender sua complexidade e singularidade.

Outra noção fundamental é que o "eu" não é estático: é um processo que evolui ao longo da vida, com uma definição profunda durante a infância e a adolescência. "Uma pessoa é um processo fluido, não uma entidade fixa e estática, uma série de características fixas ou um bloco feito de material sólido, mas sim um rio de mudanças e uma constelação perpétua de potencialidades mutáveis."[16]

### A adequação do autoconceito ou a autoconfiança

Carl Rogers divide o autoconceito em três subseções:

- Autoimagem, que representa a maneira como nós nos percebemos (nossa imagem corporal desempenha um papel importante) e que não corresponde necessariamente à realidade;
- Autoestima, que é o valor e a estima que temos por nós mesmos;
- Por fim, o eu ideal, também chamado de self ideal, que flutua ao longo da vida e representa o que gostaríamos de ser, nossas aspirações na vida.

Quando nossa própria experiência corresponde à imagem que temos de nós mesmos, podemos finalmente experimentar harmonia, autoconfiança e um estado de congruência (adequação perfeita).

Essa propensão para a autorrealização é muito favorecida desde o início por um ambiente familiar estimulante e atencioso, que permitirá que a criança desenvolva as suas próprias singularidades e tenha a chance de se realizar plenamente.

*Isis tem 16 anos, um corpo esguio, olhos grandes e pernas compridas como as de uma gazela. Seus pais estão preocupados com sua magreza (ela não é extremamente magra, mas não está longe disso).*

*"Francamente, não sei por que estou aqui. Meus pais temem que eu seja anoréxica, mas não sou. Havia uma garota anoréxica na minha escola, porém, para ser sincera, não estou nem perto disso. Só que sou objetiva e posso ver que estou rechonchuda, não gorda, rechonchuda. Por isso, tenho um pouco de cuidado com o que como, entretanto, não há motivo para pânico. Quando eu era pequena, já era cheinha; as outras meninas costumavam tirar sarro de mim e me chamavam de gordinha. Estou feliz que minhas bochechas tenham ficado um pouco mais fundas, agora só preciso perder quatro ou cinco quilos para ficar magra. Não gosto muito de como me vejo no espelho. Na verdade, eu evito provadores, enquanto todas as minhas amigas adoram fazer compras. Acho que, se eu perder alguns quilos, poderei me permitir fazer compras novamente."*

Isis tem 1,75 metros de altura e veste tamanho 36. Ela não é, de fato, anoréxica e come de tudo, exceto doces. Mas a maneira como ela percebe seu corpo está distorcida. Ela sofre de dismorfofobia, um distúrbio de autoimagem ligado à imagem corporal (consulte a página 119). Esse corpo supostamente rechonchudo lhe causa ansiedade e falta de autoconfiança. Seu distúrbio provavelmente está ligado ao excesso de peso de sua mãe e ao ambiente da sua escola, em que as meninas costumam não comer nada.

Ao longo de seis sessões, Isis foi compreendendo a origem da falta de confiança em relação a seu corpo: por um lado, ela se sentia afetada pelo excesso de peso de sua mãe, que a envergonhava; por outro, ela estava presa à imagem da menina rechonchuda que costumava ser e às lembranças das provocações que sofria. Ela finalmente percebeu que estava presa a essa imagem e que a maneira como se via não correspondia mais à realidade. Desde então, ela recuperou sua autoconfiança.

### *O olhar dos outros ou o crescimento adequado do "eu"*

O senso de "eu" de Rogers, naturalmente orientado para a otimização do potencial, é influenciado pelas experiências que nós vivenciamos na infância e pela interpretação que fazemos delas. Para receber atenção e amor, recorremos aos nossos pais, as pessoas mais importantes de nossas vidas, mas também às pessoas que nos inspiram. É como se bebêssemos seus comentários, seus julgamentos, suas avaliações, todas as mensagens sobre como devemos nos comportar para agradá-los, o que Rogers chama de "condições de valor".

Essas *condições de valores* são inseridas no próprio conceito de "eu" de cada pessoa. Nossa leitura sobre que os outros pensam, o que valorizam, incentivam, gostam, o que detestam ou o que defendem é internalizada e contribui para tecer a teia do que deveríamos ser: interpretamos o que vemos de acordo com critérios que nem sempre são nossos, um pouco como lentes que filtram nossa experiência e sorrateiramente nos afastam de nós mesmos, de nossa própria leitura. Nossa visão é parcialmente filtrada pela avaliação e percepção das pessoas ao nosso redor. A escola, os grupos de amigos e a cultura na qual vivemos, é claro, completam essa leitura.

É por isso que um olhar positivo, que é um olhar afetuoso e respeitoso sobre nós, é fundamental, pois ele contribui para o crescimento adequado do "eu" e será sinônimo de uma boa autoimagem, sem que nos tornemos dependentes do julgamento dos outros. É um presente de nossos entes queridos. As palavras usadas por aqueles que amamos têm um peso imensurável, influenciam nossa definição de "eu" e, por consequência, colorem nossa maneira de ser e de fazer nossas escolhas.

Rogers descreve dois tipos de olhar positivo:

- Olhar positivo condicional, que pode corresponder ao que chamamos de "amor condicional";
- Olhar positivo incondicional, que pode corresponder ao que chamamos de "amor incondicional".

No caso do olhar positivo condicional, as áreas de valorização (essas famosas condições de valor) são de certa forma impostas à criança que, para ser aceita, modelará seu comportamento de acordo com o que o adulto decreta como bom ou ruim. Ela agirá de acordo com esse quadro de referência.

Esses olhares farão parte da visão que a criança tem de si mesma, com padrões muito específicos. A maneira de serem uma "boa pessoa" será marcada pela definição dos pais. O comportamento delas refletirá a visão dos outros. Muito mais tarde, a lacuna entre a própria percepção e a de seus pais poderá causar dúvida, confusão ou ansiedade quando ela se deparar com a necessidade de tomar decisões. Para Rogers, esse é o momento de retornar a si mesmo, à sua autenticidade: "Esse curioso paradoxo que o fato de que, no momento em que me aceito como sou, me torno capaz de mudar".[17]

Com um olhar positivo incondicional, aberto e curioso da pessoa, a possibilidade do "verdadeiro eu" existe e favorece o caminho para a autorrealização. A criança é aceita por quem ela é, e não apenas pelo que faz. Mesmo que fracasse, a perspectiva positiva é mantida, estimulando a curiosidade, a confiança e a criatividade. A pessoa está em sintonia entre o que sente sobre si mesma e sua experiência. É o trabalho de uma vida inteira, mas também é uma fonte de profunda autoconfiança. Esse olhar incondicional permite que a criança aceite a si mesma plenamente sem ficar presa em um jogo de espelhos. É o trampolim para a verdadeira autonomia, pois promove uma visão positiva de si mesmo, uma atitude positiva que protege contra uma certa dependência do olhar dos outros e é a partir dela que surge a autoestima.

"Se há uma coisa com a qual a psicanálise freudiana, a filosofia contemporânea, a neurociência e a psicologia positiva concordam é que a identidade é múltipla, plural e mutável", diz o filósofo Charles Pépin. Todos aqueles que dizem sofrer de falta de autoconfiança, com essa afirmação, poderão se sentir mais tranquilos: não existe um "eu" fixo e imutável. Portanto, não podemos "não ser nada", porque somos plurais.

## Os vínculos entre autoconfiança e autoestima

Quais são os antídotos para esse sentimento de impostora? "Uma autoestima boa e saudável, que tornará as mulheres independentes da opinião, da aceitação ou de outras bênçãos dadas pelos homens, é inegavelmente a chave para um relacionamento pacífico das mulheres consigo mesmas", afirma a socióloga Patricia Braflan-Trobo.[18]

### *Autoestima boa ou ruim?*

É claro que um relacionamento consigo íntimo e livre de julgamentos são pré-requisitos essenciais que geralmente faltam às mulheres. Não ter uma opinião positiva sobre si, não se amar, não acreditar em si mesma são as principais razões para a dúvida e o desgaste mental. "Me sinto inútil", "sou feia", "sou incompetente", "nunca fui boa o suficiente" – todos esses preconceitos sobre nós mesmas, adquiridos na infância e ao longo de nossas vidas, têm um impacto claro sobre nosso comportamento, as escolhas que fazemos e nossa qualidade de vida.

Sejam quais forem os motivos, essa autocrítica constante alimenta a falta de autoconfiança. De modo geral, quando amamos a nós mesmas e nos julgamos com um olhar empático, ficamos mais protegidas do julgamento dos outros, mais ousadas em nossos projetos e um pouco mais seguras para enfrentar a vida. Um pouco mais confiantes, sem sermos arrogantes.

A autoestima é, assim, a base sobre a qual a autoconfiança pode ser construída. Sem nos perdermos em definições confusas, a autoestima é tanto amor-próprio quanto autoavaliação, um julgamento de valor sobre como nos vemos.

### *Pirâmides e modelos para melhor compreender a autoestima*

No livro *Autoestima: amar a si mesmo para conviver melhor com os outros*[19], Christophe André (psiquiatra e psicoterapeuta) e François Lelord (psiquiatra e escritor) consideram a autoconfiança como um dos componentes da autoestima. Uma autoestima harmoniosa e equilibrada se baseia em três pilares:

- A autoconfiança;
- A visão de si mesmo;
- O amor-próprio.

Para Frédéric Fanget, psiquiatra e psicoterapeuta, também é necessário acrescentar a assertividade a essa equação. Para ele, a pirâmide da autoconfiança seria a seguinte:[20]

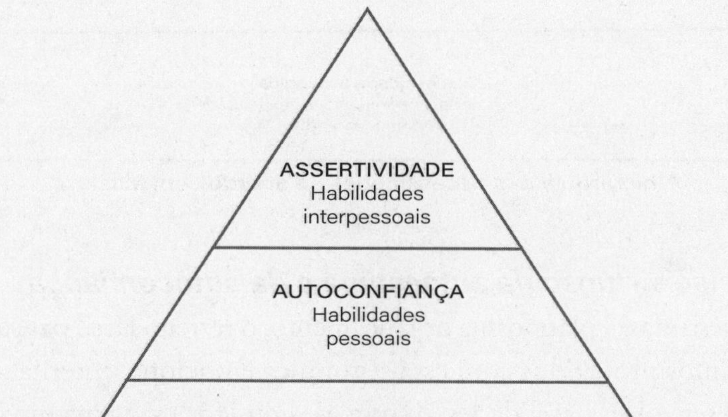


A autoestima significa saber, no seu âmago, que você é importante, de maneira intrínseca e incondicional. Esse olhar nos dá asas e confirma nossas competências e capacidades.

Abraham Maslow, que mencionamos anteriormente sobre a abordagem humanista, hierarquiza nossas necessidades da seguinte forma:[21]

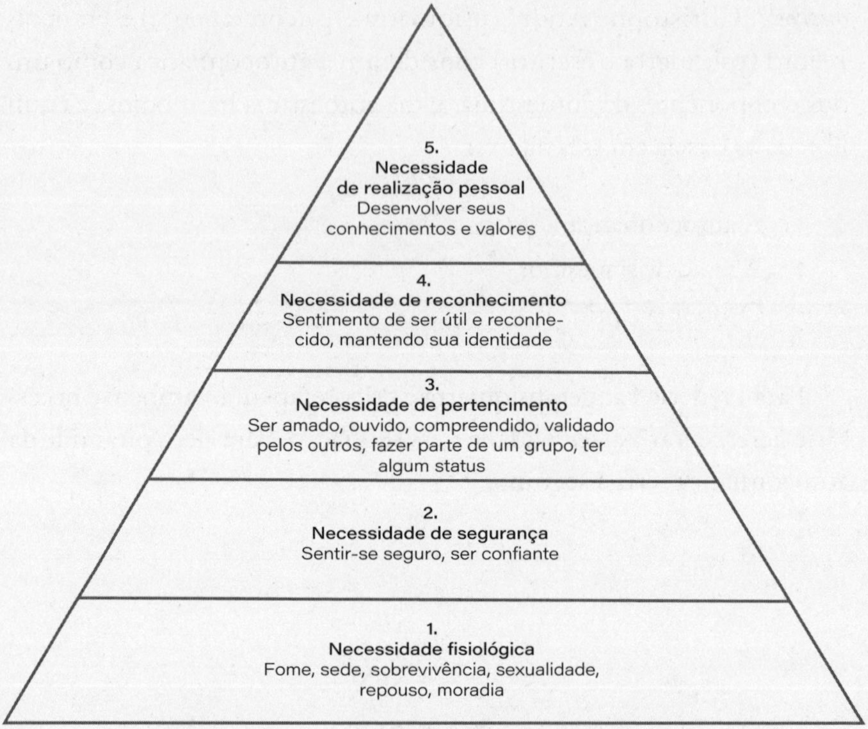


A hierarquia das necessidades de acordo com Maslow

## *O círculo virtuoso da autoestima e da autoconfiança*

A autoestima é a plataforma de lançamento, o terreno fértil para a ação. Se estamos protegidos com essa segurança emocional interna, podemos desenvolver habilidades; o sopro de confiança se torna uma força motriz para atingirmos nossas metas graças a essas habilidades, e isso, por sua vez, nos ajuda a manter uma boa autoestima.

Autoestima e habilidades andam juntas. Se eu tenho sucesso graças às minhas habilidades, logo me sinto confiante em minhas capacidades. Isso, por sua vez, aumenta minha autoestima. É um círculo virtuoso. Quando temos autoestima, acreditamos em nosso próprio valor, em uma afirmação de nosso eu único. Ter uma boa compreensão sobre nosso sistema de valores, que nos ajuda a nos definirmos e, portanto, a nos afirmarmos, é muito importante para nossa autoestima.

### *Um outro olhar sobre si mesmo*

A baixa autoestima pode se manifestar de muitas maneiras. Para dar apenas alguns exemplos, quando essa base não é sólida o suficiente e recebemos alguma crítica no trabalho ou somos ignorados em uma mesa, nos sentimos arrasados. Às vezes, queremos agradar a todos e não sabemos como dizer não. Hesitamos em tudo, até mesmo em enviar um e-mail. Sem respeito próprio, temos dificuldade em pedir ajuda, tememos o desconhecido e, como é muito comum, nos comparamos de maneira sistemática com os outros, obviamente achando que não somos tão bons quanto poderíamos ser, nos preocupando com o que pensam de nós. Nesse estado de baixa autoestima, nos retraímos sem saber como estabelecer limites e mantemos uma postura de inferioridade, com uma perspectiva pessimista. Em vez de nos afirmarmos e sermos receptivos a críticas construtivas, às vezes acabamos reagindo de maneira passivo-agressiva.

Autoestima alta ou baixa? Ela nem sempre é constante. Essa percepção emocional, cognitiva e subjetiva de nós mesmos flutua dependendo da maneira como estamos alinhados com nossos próprios valores e de como desejamos ser percebidos. Ver a nós mesmos sob uma luz positiva está diretamente relacionado ao sentimento de bem-estar. Quando nossa autoestima está elevada, ficamos mais dispostos a nos esforçar e a seguir em frente.

O psicólogo britânico Michael Argyle[22] aponta quatro fatores que podem influenciar na autoestima:

- A reação dos outros;
- A comparação com os outros;
- Os papéis que desempenhamos na sociedade;
- A maneira como nos identificamos com esses papéis e com os grupos aos quais pertencemos.

### *O peso da família*

De acordo com Bariaud e Bourcet,[23] a autoestima pode ser definida como a "atitude mais ou menos favorável que cada indivíduo tem em relação a si mesmo, a consideração, o respeito e o sentimento que ele tem de seu próprio valor como pessoa". Não existe "uma" autoestima: pelo contrário, a autoestima é pluridimensional. "A autoestima na sua totalidade é alimentada por sentimentos de competência ou qualidade em áreas específicas, mas não se reduz a elas e as supera em um sentido mais amplo e existencial."

Carl Rogers também salienta essa realidade: a opinião que temos de nós mesmos está enraizada em centenas de milhares de interações com nossos pais e ecoa o conceito de "self", em que a criança depende do olhar positivo (condicional ou incondicional) de seus pais. Um olhar generoso e respeitoso, repleto de amor incondicional da família, os ajudará a se verem sob uma luz gentil. Experiências humilhantes e dolorosas, seja em casa ou fora dela, podem dar origem a essa opinião negativa que formamos sobre nós mesmos, como vimos com a autoconfiança.

Diante do peso do olhar dos outros, desse "inferno", como escreveu Sartre, a escritora estadunidense, Joan Didion, defende o cultivo do autorrespeito para evitar a alienação de si mesmo e o vincula à noção de responsabilidade. Para ela, "[o] caráter, essa disposição de assumir a responsabilidade pela própria vida, é onde o autorrespeito começa", sendo esse autorrespeito "uma disciplina, um hábito mental que não pode ser falsificado, mas pode ser desenvolvido, treinado e nutrido".[24]

*Margaux tem 33 anos e está se preparando para apresentar sua startup a investidores estrangeiros. Ela é perfeitamente bilíngue, morou na Inglaterra por seis anos e trabalhou nos últimos quinze meses em uma incubadora em São Francisco. Ela ensaiou sua apresentação inúmeras vezes, quase a ponto de perder o fôlego. Em um dado momento, Margaux passou em frente à publicidade de um cosmético que tem um slogan famoso. "Mas, quando eu o li através do filtro da ansiedade, era como se o slogan dissesse: 'Porque você não vale nada'". A história de Margaux teve um final feliz, mas ela teve de admitir sua baixa autoestima e identificar as razões para isso. Em seu caso, foi o olhar de desprezo de seu pai, que era um professor de inglês, quando ela era criança. E foi essa baixa autoestima que a levou à falta de autoconfiança.*

## PORQUE VOCÊ VALE MUITO

O slogan "Porque você vale muito" é, por si só, um manifesto feminista. Lançado pela primeira vez em 1971, ele empodera as mulheres e reconhece seu valor intrínseco, sem a necessidade de validação masculina.

Ilon Specht, o então jovem publicitário por trás do slogan, explica como ele surgiu:

Na época, tínhamos que promover uma marca de coloração de cabelo, a L'Oréal Préférence. Na publicidade da concorrente, que era mais barata, a palavra era dos homens, que se perguntavam: "Ela pinta o cabelo ou não?".

Estávamos sentados em um escritório grande, e todos davam sua opinião sobre como deveria ser o anúncio. Eles queriam fazer algo assim: uma mulher sentada à janela, o vento levantando as cortinas... A mulher era apenas um objeto, acho que ela nem falava... Eu tinha 23 anos, podia ver que eles tinham uma visão conservadora das mulheres e eu disse a mim mesmo que não ia escrever um slogan sobre agradar os homens. Simplesmente pensei: "Foda-se!". E escrevi o texto em cinco minutos. Eu estava com raiva e levei aquilo para o lado pessoal.[25]

Traduzido para mais de quarenta idiomas, o slogan é, sem dúvida, um dos mais conhecidos do mundo. Autoconfiança, autoestima, ele expressa tudo isso. E também uma forma de liberdade.

*Diana tem de 39 anos, é casada, tem dois filhos já na escola e está achando difícil cogitar voltar a trabalhar. Desde o nascimento do primeiro filho, seu marido vem tendo crises frequentes de ciúme. Sua vida como mulher jovem era cheia de possibilidades. Após terminar seu doutorado em biologia, ela foi admitida em um grande laboratório de pesquisa na região de Paris. Era um trabalho fascinante, uma maneira de fazer sua parte pela humanidade. "Minha mãe era muito crítica e distante. Ao mesmo tempo em que mimava seus filhos materialmente, não conseguia deixar de apontar erros. A adolescência foi o auge do conflito: ela estava sempre fazendo comentários depreciativos sobre minha aparência física, especialmente quando eu me vestia de forma um pouco 'sexy' demais, me chamando de 'grande girafa espinhenta'. Meu pai estava absorto em seu trabalho como engenheiro, por isso quase nunca estava por perto. Casei com meu namorado da universidade, e isso permitiu que eu me distanciasse um pouco dos meus pais. Era o sinônimo de liberdade e amor". Após três mudanças, tanto na França quanto no exterior para acompanhar o marido, Diana está passando por um momento muito difícil ao se aproximar dos quarenta anos. Ela se sente incapaz de tomar decisões sozinha ou de planejar o futuro, embora sonhe em voltar a trabalhar. "Venho dependendo do meu marido há muito tempo. Sinto que não sei mais quem sou e sinto um grande vazio dentro de mim."*

Pais autocentrados (sem mencionar o narcisismo parental, que é uma forma bastante extrema de toxicidade relacional) tendem a colocar suas necessidades acima das necessidades da criança. Se abusarem da crítica, a criança aprenderá rapidamente a duvidar, a perder a espontaneidade, a pensar demais antes de agir, o que cobrirá sua existência com um manto de insegurança diária. Essa crítica incessante desacelera o impulso externo e, mais tarde, pode levar a uma certa inércia em relação à tomada de decisões. As hesitações e dúvidas se tornarão parte da malha psicológica, pois o hábito de não escolher, de não se expressar, se torna um mecanismo repetitivo.

Quando uma criança é rotulada como "preguiçosa", "difícil", "burra" ou "malcriada", ela se vê reduzida a um atributo negativo que não só ofusca a complexidade de uma personalidade como pode contribuir para um sentimento de confusão sobre sua identidade. Daí a sensação de vazio evocada na fase difícil pela qual Diana está passando ao entrar em uma nova década. Diana está paralisada em relação ao desejo de voltar ao mercado de trabalho, apesar de suas excelentes qualificações e de sua curta, mas prestigiosa, experiência profissional. A falta de um olhar positivo e afetuoso de seu pai também pode ter contribuído para prejudicar a autoconfiança dela. Temos a impressão de que ele não esperava muito da filha e não verbalizou as expectativas que poderia ter tido para ela. O olhar do pai é significativo, pois se abre para o mundo exterior e para o aspecto incerto da existência.

As estratégias de compensação para se sentir amada e apreciada também podem ajudar a explicar os ataques de ciúme. Diana aprendeu a ficar calada, a manter sua voz real e seus pensamentos reais em silêncio, tomando cuidado para evitar pensar nas coisas que realmente queria, a fim de se proteger de possíveis decepções.

Todos os dias, inventamos e recriamos nossas vidas nas quais o "eu" se aproxima do mundo, nas quais o "eu" se relaciona com o mundo. Durante a infância, se nossa voz é ignorada, a possibilidade de autodeterminação é ainda mais difícil, especialmente em um contexto social que contribui para manter esse silêncio. Ao fazê-lo, nossa autoconfiança se vê minada.

A poeta e escritora estadunidense, Sylvia Plath, já estava profeticamente "gritando" isso quando descreveu sua experiência como uma mulher burguesa, educada e destinada ao confinamento doméstico, com toda a violência contida que isso poderia acarretar:

> Para a pessoa dentro da redoma de vidro, vazia e imóvel como um bebê morto, o mundo inteiro é um sonho ruim [...]. Pela primeira vez na vida, senti-me como se fosse superficial, sentada no centro da sala de conferências da ONU, entre Constantin, que era capaz de jogar tênis e traduzir ao mesmo tempo, e a garota russa que dominava tantos idiomas. O problema é que eu era inútil há muito tempo e, o pior, só agora estava percebendo isso. A única coisa em que eu era boa era ganhar bolsas de estudo e prêmios, mas essa era estava chegando ao fim.[26]

## 10 DICAS PARA TOMAR AS RÉDEAS DA SITUAÇÃO

1. Para ganhar confiança e evitar se subestimar, comece reafirmando a si mesma que trabalhou duro e que merece o sucesso. Não se perca em questionamentos intermináveis, especialmente se eles começarem com "E se?". A hipótese só pode levar à dúvida.
2. Faça uma lista de seus valores e viva de acordo com eles. Essa é a sua bússola, aquela que permite que você se afirme, que saiba dizer não, que faça escolhas e, portanto, que fortaleça sua autoconfiança.

3. Cerque-se de um grupo de amigos, mentores e colegas que se importam com você para compartilhar seus sucessos e seus fracassos.
4. Quanto às redes sociais, opte por seguir mulheres inspiradoras, mulheres reais, e não por modelos retocadas que exibem sua felicidade em um Photoshop. Existem muitas dessas heroínas, guerreiras no cotidiano. Dê uma olhada nos perfis @jameelajamil ou @moveforyourmind!
5. Escreva e mantenha uma lista de suas conquistas, destacando em cada ano uma imagem de um momento em que você se sentiu especialmente orgulhosa de si mesma. Faça uma lista das qualidades que a ajudaram a alcançar esse objetivo e pense nos sentimentos que teve na época. Essa é a quintessência de seus esforços e define você.
6. Enfrente seus pensamentos negativos, aqueles que supervalorizam os outros e subestimam suas próprias habilidades. Com o tempo, essas formas de autocrítica se tornam verdades. Tente ser imparcial, separando o que é um fato e o que é mais uma crença. Acima de tudo, tome cuidado para usar uma linguagem que não seja humilhante. Em vez de dizer: "Não consigo fazer isso, sou incapaz de fazer aquilo", diga: "Ainda não consigo fazer isso". Em vez de dizer: "Sou péssima, tenho medo de fazer tal coisa", diga: "Ainda não me sinto confortável para fazer tal coisa". Ser tolerante consigo mesma começa com a linguagem. O resto virá depois.
7. Não se esqueça de que os outros também têm suas sombras e fraquezas. O desconhecido e a incerteza fazem parte da condição humana. Aceite sua parte de responsabilidade por suas escolhas!
8. Atreva-se a se lançar no desconhecido, preparando-se com antecedência, sem se limitar muito ao desempenho. Estabeleça metas realistas e alcançáveis. Todas essas pequenas vitórias em novas atividades aumentarão o sentimento de autoconfiança.
9. Certas crenças, como a ideia de que é possível ser amado por todo mundo, não são viáveis nem plausíveis. Não se pode

agradar todo mundo, e o contrário também é verdadeiro! Quanto mais cedo você aceitar uma possibilidade de rejeição, melhor se sentirá. O mesmo vale para o fracasso. Você precisa fracassar primeiro para perceber que tudo não é tão ruim assim e que superar a adversidade lhe traz mais confiança.

10. Por fim, afirme-se, abra-se para os outros e para si mesma com bondade e compaixão. A autoconfiança, como a própria vida, é uma arte a ser trabalhada.

# 2
# As origens da falta de autoconfiança nas mulheres

*Sabemos o que somos,*
*mas não sabemos o que poderíamos ser.*

(William Shakespeare)

No "Poema lido no casamento de André Salmon", datado do dia 13 de julho de 1909, Guillaume Apollinaire disse: "Fundados na poesia, temos direitos sobre as palavras que moldam e deformam o universo". A linguagem não é apenas um privilégio dos poetas — é o poder desmedido das palavras, o verbo quase divino. Construímos o mundo com palavras, e as palavras nos constroem. Portanto, precisamos estar atentos e escolher as palavras que moldarão nosso mundo, nossa sociedade e nossa família. A linguagem define nossa realidade. É assim que o poder humano começa.

Em *Mulheres e poder, um manifesto*[1], Mary Beard volta à Antiguidade para explicar como o poder foi concebido por e para os homens. As mulheres não tinham voz e a elas era imposto o silenciamento. Para ilustrar seu ponto, Beard relembra o momento na *Odisseia* em que Telêmaco diz à sua mãe para se calar: "Silêncio, mãe! Regressa aos teus aposentos e cuida dos teus afazeres, do tear e da roca (...), pois falar compete aos homens (...)". E Penélope obedeceu. É importante fazer uma retomada histórica tão grande para entendermos até que ponto certas crenças estão arraigadas em nós. São clichês, padrões de pensamento, arquétipos que precisamos reverter para fazer com que nossas vozes sejam ouvidas, para que possamos assumir o poder e ganhar confiança. E a linguagem é, sem dúvida, a primeira ferramenta, a primeira força à nossa disposição.

Na gramática, a dominação masculina também deixou sua marca: a linguista Éliane Viennot explica que o masculino nem sempre prevaleceu sobre o feminino e que "nossa língua [francesa] está absolutamente equipada para expressar igualdade": desde o século XVII, os gramáticos passaram deliberadamente a masculinizar a língua. Condenaram os substantivos femininos e inventaram regras como "o masculino prevalece sobre o feminino". [...] Veja a palavra "autora" (em francês, *autrice*), que os franceses hoje acham ser um neologismo, mas que já existia no século XV. Foram os gramáticos masculinistas, ou seja, homens que eram a favor do monopólio masculino dessa atividade, que a fizeram desaparecer.[2]

Necessitamos devolver às palavras sua parte feminina. Rejeitar padrões e se livrar da pesada âncora dos estereótipos. Se às vezes as mulheres não têm autoconfiança, isso é antes de tudo uma questão de história, de pressão social, de família, de linguagem e de crenças.

## Razões históricas

Durante muito tempo, as mulheres foram submetidas ao patriarcado e criadas para serem frágeis. A falta de confiança em mulheres é, portanto, em grande parte, um legado da história. É o resultado de séculos, até mesmo milênios, de dominação masculina.

### *Desprovidas de história*

Como Michelle Perrot e Georges Duby demonstraram em sua monumental obra *História das mulheres no ocidente*[3], ao contrário dos homens que, desde a Antiguidade, escreveram seus grandes feitos para que o tempo não apagasse seus rastros, as mulheres não têm História: são mães silenciosas, donas de casa invisíveis, que desaparecem no grande teatro da memória. Elas nem mesmo possuíam status legal nas civilizações antigas da Grécia e de Roma, assim como as crianças e os criminosos. Sequer sendo contadas nas estatísticas, durante séculos elas simplesmente não existiam. Como diz Michelle Perrot: "[Percebi] que ninguém se importava com a história das mulheres: todas as disciplinas estão interessadas nas mulheres, mas não na história. Não sabemos nada sobre elas, são invisíveis, com exceção de Joana D'Arc e algumas outras heroínas consagradas no panteão da glória".[4]

De que forma as mulheres podem ter confiança em si mesmas se elas não têm história? Como disse Napoleão Bonaparte, "[a mulher] é dada ao homem para que possa lhe gerar filhos. Portanto, ela é propriedade dele, como uma árvore frutífera é do jardineiro".

## A PEQUENA LOJA DE HORRORES 1: O QUE FAZEMOS COM AS MULHERES

### Como ter autoconfiança se fomos subjugadas desde os tempos mais primórdios?

Embora as mulheres tenham sido vítimas da dominação masculina em todas as sociedades ocidentais conhecidas desde a antiguidade greco-romana, como era a situação entre os primeiros povos ou nas sociedades pré-civilizatórias? Essa é a pergunta que dois antropólogos,[5] Jean-Marc Pétillon e Christophe Darmangeat, fizeram, e os resultados são fascinantes.

"Tomemos como exemplo os Baruya, da Nova Guiné, estudados pelo antropólogo francês Maurice Godelier: [...] As mulheres são privadas de qualquer coisa que se assemelhe a um direito, e os homens são educados em um desprezo absoluto por elas. Há algumas coisas surpreendentes, como existirem sempre dois caminhos entre as aldeias, sendo o caminho superior reservado aos homens, é claro, e o inferior às mulheres. E quando, por acaso, uma mulher se depara com um homem fora do caminho, ela tem de se jogar nos arbustos e cobrir a cabeça com a capa para evitar o olhar dele... Outro exemplo são os Amauacas, da Amazônia [...]. Um etnólogo escreveu: 'Em geral, os homens exercem considerável autoridade sobre as mulheres. Depois de casado, o marido pode bater nos ombros, braços, nádegas e costas com um bastão de madeira especial com lâmina afiada. Uma surra com esse bastão pode ser tão severa que a mulher passa vários dias sem conseguir andar. Ela pode ser espancada por desagradar seu marido, por exemplo, por não preparar a comida quando ele queria ou por salgar demais a refeição.' Outro exemplo é o dos Mundurucu, na Amazônia, que praticam o estupro coletivo para punir mulheres que se comportaram mal, que ousaram desafiar a autoridade ou olharam para objetos sagrados masculinos. A etnóloga que os estudou explica que os homens lhe disseram com orgulho: 'Nós domamos as mulheres com nossas bananas'.

[...]

Mas (e é chocante) não existe nenhuma sociedade em que haja dominação feminina [...]: nunca encontramos uma verdadeira sociedade matriarcal, na qual as mulheres tenham poder exclusivo e governem a sociedade e os homens. Isso simplesmente não existe."

## *Não há salvação fora da maternidade*

Em sua mais recente entrevista com Karine Tinat para a *Socio, la nouvelle revue des sciences sociales,*[6] a antropóloga e etnóloga Françoise Héritier[7] relembra sua experiência cognitiva de dominação masculina como uma revelação. Quando criança, ela passava as férias de verão em uma fazenda, hospedada na casa de um dos tios de seu pai. Na escada, havia duas gravuras do século XIX e que representavam as idades da vida. Para o homem, era simples: primeiro havia um garotinho brincando com um arco. Depois, quando jovem, ele aparecia apaixonado. Aos 30 anos, segurava sua esposa e filhos nos braços. Depois, voltou da caça para dar as boas-vindas ao seu filho mais velho. Finalmente, estava no degrau mais alto, com os braços estendidos, com a seguinte descrição: "Aos 50 anos, ele abraça o passado, o presente e o futuro". A partir de então, ele sempre aparece sozinho, gradualmente diminuído, mas ainda em ação, viajando e aprendendo. Aos 60, ele estava sentado em uma poltrona, de roupão, com a descrição: "Sem medo, ele aguarda a morte".

Já a mulher apareceu pela primeira vez como uma garotinha, com suas bonecas. Aos 20 anos, descobria o amor. Depois, a maternidade a completava. Aos 40, ela abençoava o casamento de seus filhos.

> E aos 50 anos de idade... [Surgia] em mim, continua Françoise-Héritier, uma verdadeira perplexidade, que durou muitos anos até que eu entendesse do que se tratava. Dizia a descrição: "Quando faz 50 anos, ela para e festeja chegada do netinho". Eu não entendia em que ponto ela parava... Depois, você a via descer. Ela nunca estava sozinha, sempre se apoiava em um neto ou bisneto, ao contrário do homem que estava sempre sozinho. Aos 60 anos, ela esperou a morte "sem coragem", enquanto ele esperou a morte "sem medo". Obviamente, não pude deixar de ficar impressionada com essa discrepância no tempo, as temporalidades eram as mesmas, mas o que víamos em cada passo era tão diferente... O destino do homem me atraiu mais do que o da mulher.

O que isso significa? Significa que, aos 50 anos, a mulher entra na menopausa, não pode mais procriar e não existe mais como pessoa. Daí seu declínio que a obriga a sempre precisar de um homem, neto ou bisneto, e nunca de uma neta...

> Ela nunca deixou de estar cercada por cuecas, se é que posso dizer assim, porque desde os 20 anos de idade seu coração cândido estava aberto ao amor. Aos 40 anos, seu marido morreu, mas ela casou seu filho; e, aos 50 anos, festejou a chegada de seu neto, mas, acima de tudo, ela parou. Em outras palavras, ela desistiu, pronto; [...] Meu Deus, que destino...

Durante séculos, as mulheres existiam apenas por meio do casamento e da maternidade. A educação delas era limitada às artes domésticas. Isso nos faz lembrar a personagem Nora, em *Uma casa de bonecas* (1879), de Henrik Ibsen, que sai diretamente da casa do pai para a casa do marido. O marido a lembra de seus deveres sagrados: "Você é, acima de tudo, esposa e mãe". Nora decide partir para viver sozinha, tornando-se um símbolo da emancipação feminina.

Os tempos mudaram. Em 1804, o Código Civil francês estipulou que "o marido deve proteção à esposa, e a esposa deve obediência ao marido", mas o divórcio por consentimento mútuo já existia desde 1792. As escolas para meninas surgiram em 1850 e, em 1870, Jules Ferry exigiu educação para ambos os sexos. As mulheres conquistaram o direito ao voto na França em 1944 e, a partir de 1965, puderam exercer uma profissão sem a permissão do marido. No entanto, foi somente em 2006 que a noção de respeito nas obrigações do casamento foi instituída, e em 2014 substituída por "igualdade real entre homens e mulheres."[8] Quanto à emancipação, certamente houve muito progresso a partir da década de 1960. A reforma do regime matrimonial em 1965 permitiu que as mulheres abrissem uma conta bancária e trabalhassem sem a permissão do marido. Dois anos depois, a lei Neuwirth autorizou a contracepção. Em seguida, veio o Movimento de Liberação das Mulheres (MLF) e, em 1975, a Lei Veuil.

No entanto, o fato de o número de mulheres mortas por seus parceiros não ter diminuído (uma mulher a cada dois dias foi assassinada em 2019) mostra a dimensão do trabalho que ainda temos pela frente. De acordo com a OMS, a violência doméstica afeta 25% das mulheres na Europa. Como aponta o antropólogo e sexólogo dr. Philippe Brenot,[9] o feminicídio é um fenômeno único: "Com sua perspectiva antropológica, Françoise Héritier[10] é a única pessoa que realmente destacou o que todos nós deveríamos saber: a violência de gênero é algo próprio da humanidade. O homem é a única espécie em que os machos matam as fêmeas de sua espécie". Mesmo que haja violência entre sexos no mundo animal, nunca há violência de gênero.

## A PEQUENA LOJA DE HORRORES 2: O QUE FAZEMOS COM AS MULHERES

### Como ter autoconfiança quando ouvimos a mesma coisa durante séculos...

Uma versão defeituosa do homem, fraca em sua constituição e prejudicada por sua biologia, desprovida de força e de inteligência, ao contrário dos homens. Fofoqueira, mentirosa e fútil, ela só serve para a reprodução e para as alegrias do trabalho doméstico. Se ela não tem beleza, o que lhe resta? Seu dote?

Para Platão, as mulheres são a metamorfose dos homens mais vis: "Os homens que eram covardes e tinham vivido mal foram [...] transmutados em mulheres". (*Timeu*)

Já de acordo com Aristóteles: "A mulher é como um macho mutilado, e a menstruação é uma semente, mas não pura: falta-lhe apenas uma coisa, o princípio da alma". (*Da geração dos animais*)

Para Galeno: "A mulher é mais imperfeita do que o homem por uma razão principal, que é o fato de ela ser mais fria. [...] Na espécie humana, o homem é mais perfeito do que a mulher. A causa dessa superioridade é a superabundância de calor". (*Da utilidade das partes do corpo*)

Para São Tomás: "A mulher é um ser defeituoso, cujo nascimento foi provocado involuntariamente"; "As mulheres são inferiores aos homens por causa de seus corpos patogênicos: elas são consideradas incapazes de dominar a si mesmas, de dominar seus corpos, um corpo que sofre, que sucumbe, um corpo que se engasga, que agoniza". (*Suma Teológica*)

No século XVI, de acordo com Jean Liébault: "[...] os corpos das mulheres são fracos e doentios". *(Três livros sobre as doenças e enfermidades das mulheres*)

De acordo com Voltaire: "As mulheres são como cataventos, elas se consertam quando enferrujam". (*Pensées, remarques et observations*)

Mirabeau afirmou: "Somos nós que fazemos das mulheres o que elas são, e é por isso que elas não valem nada". (*Cartas escritas na masmorra de Vincennes*)

Para Napoleão I: "Nós, os povos do Ocidente, estragamos tudo ao tratar as mulheres bem demais [...] (*Memorial de Santa Helena*). Elas não devem ser consideradas iguais aos homens e, na realidade, não passam de máquinas de fazer crianças [...]. É melhor que elas trabalhem com suas agulhas do que com suas línguas" (discurso feito durante a criação do centro educacional para moças da Legião de Honra, 1807).

Segundo Schopenhauer: "Não deveria haver nada no mundo além de empregadas domésticas e de moças que aspiram a ser donas de casa – e que sejam treinadas não para a arrogância, mas para o trabalho e a submissão." (*Pensamentos sobre as mulheres*)

Nietzsche acreditava que "a mulher é uma superfície que imita a profundidade".

Já Courteline, que "as mulheres são tão mentirosas que você não consegue acreditar nem mesmo no oposto do que elas dizem".

Baudelaire confessou: "A mulher é natural, ou seja, abominável." (*Meu coração desnudado*)

De acordo com Júlio Verne: "As mulheres nunca desempenham um papel em meus romances, simplesmente porque elas estariam falando o tempo todo e os outros não poderiam dizer nada".

Freud: "A inferioridade intelectual de tantas mulheres, que é uma realidade indiscutível, deve ser atribuída à inibição do pensamento, uma inibição necessária para a repressão sexual" (*A vida sexual*). E também: "É um fato bem conhecido, e que tem dado aos homens amplos motivos para recriminação, que o caráter das mulheres muitas vezes muda acentuadamente quando elas renunciam à sua função genital. Elas se tornam briguentas, irritadiças, rabugentas, mesquinhas e gananciosas; elas exibem traços de erotismo anal sádico que não possuíam antes, durante sua feminilidade". ("A disposição à neurose obsessiva", palestra)

Com Oscar Wilde: "As mulheres são um sexo puramente decorativo. Elas nunca têm nada a dizer, mas o fazem de forma encantadora". (*O Retrato de Dorian Gray*)

Sacha Guitry brincou: "Se as mulheres fossem boas, Deus teria uma".

Jules Renard confessa: "Faz dois anos que não falo com minha esposa, para não a interromper". (*Diário*)

Alain afirma: "Muitas vezes tenho vontade de perguntar às mulheres o que elas usam para substituir a inteligência." (*Paixões e Sabedoria*)

Hervé Bazin disse que: "A melhor contracepção é a feiura". (*Traços*)

Para Faulkner: "As mulheres não passam de órgãos genitais articulados com a capacidade de gastar todo o dinheiro que temos". (*Mosquitos*)

Pierre Belfond observa: "Em muitas mulheres, os pensamentos surgem quando os seios caem".

Coluche observa: "Deus criou o álcool para que as mulheres feias conseguissem ter sexo".

Essas palavras chegam a dar náusea. A falta de autoconfiança nas mulheres está inscrita na história. Como se libertar de séculos de submissão e de obediência? Como podemos conquistar o direito de sermos iguais e confiantes, quando a dominação masculina foi por tanto tempo a parte mais pesada da balança do poder?

Não ousar pedir um aumento, ou satisfazer um desejo sexual, não ousar tomar a palavra em um grupo repleto de homens, tudo isso faz parte de uma herança muito pesada. O imaginário coletivo das mulheres está impregnado dessa dúvida, dessa dificuldade de ousar pedir abertamente, de se convencer de que merecem o sucesso ou a realização.

Desde o movimento #MeToo, algo mudou e parece não ter mais volta: as mulheres se tornaram mais autoconfiantes e finalmente ousaram denunciar suas histórias de agressão, cheias de frustração e raiva, em uma narrativa emocional sombria, enterrada no fundo do coração, que a sociedade dificilmente associa a um modelo feminino, cheio de gentileza e conformismo.

### A PEQUENA LOJA DOS HORRORES 3:

#### Quando os dicionários contemporâneos também entram na dança

Em uma experiência mais recente, Maria Beatrice Giovanardi fez uma descoberta chocante quando pesquisou no Google um sinônimo para "mulher" e encontrou outro museu de horrores: "potranca, pássaro, mala, cadela, empregada, vagabunda". Completamente perplexa, ela logo consultou o dicionário de referência *Oxford* e levou outro tapa na cara. Entre as descrições usadas para definir uma mulher estão: "uma mulher é subordinada a um homem", "uma mulher é um objeto sexual", "uma mulher é irritante para os homens", "uma mulher não é igual a um homem..."

Ainda chocada, a jovem conversou com Sarah Creuer, uma amiga francesa que morava em Londres havia cinco anos e colaborava com a Fawcett Society East London havia três anos. Junto com Maria Beatrice Giovanardi, Sarah decidiu lançar a campanha #IAmNotABitch para chamar atenção para caso. Uma petição foi colocada on-line em julho no site Change.org com o objetivo de reunir pelo menos dez mil assinaturas, um número que foi mais do que alcançado, com quase trinta mil pessoas apoiando a iniciativa.[11]

### *Privadas de autoconfiança*

A historiadora Christine Bard, especialista em história das mulheres,[12] é autora da tese *Les Filles de Marianne, histoire des féminismes, 1914-1940,*[13] e de outros livros. Em *Une histoire politique du pantalon*[14] e *Ce que soulève la jupe,*[15] ela analisa a dimensão simbólica das roupas. Também questiona no que está fundamentada a afirmação segundo a qual "as mulheres não têm autoconfiança". Não seria uma afirmação culpabilizante? As mulheres não apenas sofrem discriminação, mas também acabam sendo responsabilizadas por isso, o que implica dizer: "Se você fosse mais assertiva, se fosse mais corajosa e mais autoconfiante, não teria esses problemas". Obviamente, trata-se de uma inverdade que apenas acrescenta mais culpa.

> Na relação dominante-dominado, o dominado, por definição, não possui autoconfiança, pois é oprimido, privado de poder. Suas habilidades e criatividade são negadas, e, sua liberdade, roubada. Dominadas, as mulheres se veem privadas de autoconfiança. Mas a história das mulheres não é evidentemente apenas uma história de dominação; ela também é feita de resistência, de exceções brilhantes à regra que se tornam modelos, alimentando o processo de resistência, porque essas mulheres são inspiradoras e transmitem a ideia de que a igualdade é possível em todas as áreas.

### *A relação com o corpo*

Quando pensamos em autoconfiança, logo vêm à mente aspectos relacionados à carreira, política, mas, de acordo com Christine Bard, autoconfiança também é algo muito íntimo e está ligado à relação com nosso corpo: quando você é fisicamente subjugada, psicologicamente rebaixada ou vive sob o controle do julgamento alheio, evidentemente sua autoconfiança será abalada. "De uma forma ilusória, achamos que estamos ganhando um pouco de autoconfiança quando focamos em aspectos físicos, em roupas, em nos adequarmos à norma", diz Christine Bard, "mas, no final, tudo isso está fadado ao fracasso. Talvez haja uma busca pela perfeição entre as mulheres, que é o outro lado da moeda da falta de autoconfiança". Sim, as mulheres foram emancipadas, mas ela continua:

> Nos libertamos do espartilho, mas as mulheres criaram um espartilho interno. O espartilho, essa obrigação de permanecer magra e definida, com corpos de meninas. As mulheres são sempre reduzidas a seus corpos. Na representação de gênero que existe na dominação masculina, as mulheres são a natureza, a biologia, a reprodução, os órgãos sexuais... O corpo é fundamental. Também me pergunto sobre certos aspectos na relação entre

o biológico e o social, mas não estou completamente fechada a essa hipótese, a natureza está sempre envolvida na cultura. Lembro-me sobretudo de um comentário feito por uma de minhas amigas, uma professora de História e de Geografia, que me confessou: "Detesto admitir, mas quando uso salto alto me sinto mais autoconfiante, sou mais assertiva na frente dos meus alunos". O que significa usar salto alto? A hipótese biológica: aumentar a estatura das mulheres. Houve uma época em que homens e mulheres tinham a mesma altura, mas ao longo dos séculos as atividades femininas e a privação alimentar as tornaram menores do que os homens. Atualmente estamos nos recuperando porque a sociedade está se tornando mais igualitária. De qualquer forma, com os saltos altos, estamos nos aproximando da altura média dos homens. Ou seria o poder sexual atribuído aos sapatos, esse fetiche erotizado? Será que as mulheres que usam salto alto se sentem mais desejáveis, mais respeitadas? Essas são reflexões interessantes.

Que acessórios as mulheres usam para aumentar a autoconfiança? Ou com roupas hipersexualizadas (em versões femininas como as de Madonna ou muito masculinizadas), ou por meio do esporte.

Contra todas as normas, outras mulheres abraçam sua diferença, como é o caso da cantora Juliette, que eu adoro. "Ela é uma mulher forte, usava um corpete no palco que realmente moldava suas curvas, essa é uma imagem real de empoderamento.[16] E também sua música 'Rimes féminines': recomendo que assistam a um show de Juliette e prestem atenção nessa letra! Sua interpretação, a linguagem corporal, é brilhante!"

*Julie, Juliette ou bien Justine,*
*Toutes mes rimes féminines*
*Clara Zetkin, Anaïs Nin*
*Ou Garbo dans La Reine Christine.*
*Sur le céleste carrousel,*
*Choisir entre ces demoiselles*
*Camille Claudel, Mam'zelle Chanel*
*Ou l'enragée Louise Michel.*

### *A relação com a fala*

Christine Bard observa que os meninos sempre falam mais do que as meninas, tomando e mantendo a palavra, inclusive em cursos sobre a história do gênero. Uma triste observação para uma professora feminista.

> Como reagir? Se interpelamos as meninas, acabamos criando um bloqueio e é necessário lidar com a situação de forma delicada, para não correr o risco de agravá-la, pois elas se sentem intimidadas ao serem chamadas de sem autoconfiança! Nos conselhos municipais, que têm representação igualitária há alguns anos, a paridade tem sido celebrada como uma grande conquista. Isso é ótimo, mas se medirmos o tempo de fala nas sessões, veremos que os homens ainda falam duas vezes mais e por duas vezes mais tempo do que as mulheres. Ou seja, eles detêm três quartos do poder, em termos de fala e tempo de fala. Isso mostra que, mesmo que não tenhamos consciência disso, ainda estamos reproduzindo relações desiguais.

O Instituto Nacional Audiovisual analisou setecentas mil horas de programas de 2001 a 2018 e concluiu que as mulheres falam metade do tempo que os homens na mídia.[17] Nas empresas, 50% das mulheres consideram que ser interrompida enquanto fala é uma das três situações mais sexistas (juntamente com o assédio sexual e a desigualdade de remuneração). "Isso é o que os falantes de inglês chamam de *manterrupting*, o comportamento sexista no qual os homens interrompem as mulheres, principalmente em reuniões ou em público."[18]

A mídia e o público ainda estão assumindo uma posição tímida, mesmo que alguns números sejam otimistas: houve um aumento de 7% no tempo de fala das mulheres na televisão pública...

### *Mudar a sociedade para empoderar as mulheres*

É necessário um trabalho psicológico, com cada mulher analisando e compreendendo a maneira pela qual a dominação masculina a afeta individualmente. Mas restabelecer a autoconfiança prejudicada das mulheres e seu lugar no mundo não é suficiente. Embora muitos fatores individuais possam desempenhar um papel, para Christine Bard, 99% do esforço é coletivo: é necessário mudar a sociedade em que vivemos, mudar radicalmente as condições de trabalho e a educação. Não podemos viver em uma sociedade na qual uma minoria de mulheres ocupa cargos estratégicos enquanto a grande maioria está confinada a funções, salários e cargos inferiores, e em profissões que são desvalorizadas – erroneamente – como saúde, educação, serviço social etc.

> Precisamos mudar os costumes, a educação familiar, o estilo de vida, a maneira de falar e de se vestir. São mudanças culturais muito profundas e não dizem respeito apenas às mulheres. Porque não pode haver empoderamento das mulheres se não houver conscientização dos homens do outro lado. Poucos homens se manifestaram sobre violência sexual desde o #MeeToo... Meus estudos como historiadora estão me levando a ser cada vez mais revolucionária, a perceber até que ponto nossa sociedade está presa, até que ponto estamos atoladas na dominação masculina. Não conseguimos sequer sonhar com outro mundo, ainda há tantas coisas a fazer.

### *Julgamento constante*

Até mesmo as mulheres de alto desempenho que obtêm sucesso "como homens" são discriminadas: dizem que elas são virilizadas, cruéis, que não são mais mulheres de verdade, que são mais cruéis do que os homens:

> Essa angústia em relação à performance de gênero não é levada em consideração como deveria, e não vemos uma desconstrução dos padrões heteronormativos que nos são socialmente impostos. Um clássico das bibliotecas feministas, o livro *Du côté des petites filles,*[19] de Elena Gianini Belotti, mostra que a transmissão dos códigos de gênero na educação ocorre antes mesmo do nascimento, desde as expectativas dos pais, o que eles projetam sobre ter uma menina ou um menino, pintando o quarto

de azul ou rosa, de modo que isso está fortemente ancorado na mentalidade da família. Assim como os tribunais de gênero, a família, os colegas, os professores e a rua estão constantemente julgando a conformidade ou a não conformidade, seja no trabalho ou na sexualidade.

### A FALTA DE AUTOCONFIANÇA AINDA ESTÁ PROFUNDAMENTE ENRAIZADA...

Em dezembro de 2018, foi publicada uma pesquisa cujo objetivo foi de examinar a relação entre gênero e carreira acadêmica na área da Medicina, campo no qual as mulheres são sub-representadas.

À pergunta "Você duvida de sua capacidade de seguir uma carreira em um hospital universitário?", 62,4% das mulheres responderam "Sim", em comparação com 17,7% dos homens (204 entrevistados, todos residentes em ginecologia e obstetrícia em Paris).

Entre o subgrupo daqueles que disseram que queriam seguir carreira em um hospital universitário (31 entrevistados), 54,5% das mulheres responderam "Sim", em comparação com 0% dos homens![20]

Existem inúmeros exemplos semelhantes a esses apresentados. Eles estão enraizados em nossa história, mas também em nossa estrutura social.

## Razões sociais

Em 1791, a dramaturga e ativista política Olympe de Gouges enviou a Maria Antonieta a obra *Declaração dos Direitos da Mulher e do Cidadão*, para fazer eco à *Declaração dos Direitos do Homem e do Cidadão*, emitida dois anos antes. "Quaisquer que sejam as barreiras impostas em seu caminho, está em seu poder derrubá-las; você só precisa querer", escreveu ela no epílogo. A história, no entanto, provou que seu otimismo estava equivocado: dois anos mais tarde, ela foi guilhotinada.

Hoje, embora ainda existam desigualdades salariais (24% a menos, em média, por ano),[21] o fato é que as mulheres romperam muitas barreiras. Elas estudam e possuem qualificações tão prestigiosas como os homens, casam, divorciam, têm amantes e assumem a responsabilidade por si mesmas.

Então, como explicar a falta de confiança?

### *As imposições sobre o corpo*

Vivemos em uma sociedade ultra conectada, constantemente sujeita a padrões sociais e exigências de perfeição, desempenho e beleza. Percorremos nossos feeds do Instagram repletos de criaturas perfeitas, supermulheres, empreendedoras, com abdomes HD, pernas aerodinâmicas, esposas realizadas, mães exemplares de crianças prodígio. Será que esse é o tipo de mulher que deveríamos ter como exemplo?

O corpo feminino é o maior alvo de marketing do nosso tempo: são cremes para esculpir, esportes para emagrecer, elixires milagrosos, todo tipo de dietas, uma verdadeira venda livre do culto ao corpo. As consequências são muitas: anorexia em adolescentes, excesso de cirurgias estéticas, vergonha, depressão.

Felizmente, há um movimento de resistência, com grandes marcas controlando o peso de suas modelos e fazendo com que mulheres com corpos mais realistas posem para suas campanhas. Algumas pessoas estão promovendo o que vem sendo conhecido como *body positive*. Esse é o caso de Kelsey Miller, autora de *Big Girl*[22] e do *Anti-Diet Project*.[23] Veja a seguir o que ela tem a dizer sobre sua experiência:

> A questão principal é nunca esquecermos que a cultura da dieta está em toda parte, martelando em nós a ideia de que você não está em boa forma. É fácil acreditar nessa mensagem: ela é onipresente. A cultura da dieta é a água em que nadamos todos os dias. Portanto, não se martirize se você sucumbir a essa mentalidade, mas lembre-se: existe uma indústria de um trilhão de dólares que ataca tudo o que a sua autoestima representa. E, só porque essa mensagem é barulhenta e intrusiva, não significa que seja verdadeira.

> Você *está* bem do jeito que é. Você *tem* o direito de comer e gostar do que come. Não existe corpo bom ou corpo ruim, assim como não existe comida boa ou comida ruim. Pode ser difícil quando você é uma das poucas pessoas a reconhecer isso, enquanto todos ao seu redor ainda estão presos à mentalidade da dieta. Mas é tão libertador, alegre e necessário. Parar de sentir vergonha do corpo e se livrar do pensamento baseado em dieta é um trabalho extremamente difícil – portanto, não se sinta mal caso não consiga! – mas definitivamente vale a pena o esforço.

Voltaremos a falar da falta de confiança relacionada ao corpo com mais detalhes no Capítulo 5.

### *As imposições sobre a beleza*

A imposição de estar em um relacionamento, a imposição da perfeição, a imposição da beleza. As crenças impostas pela sociedade são duras. Um homem que começa a ficar grisalho se torna incrivelmente charmoso: cabelo cor de sal e pimenta. É muito George Clooney. Já por outro lado, as mulheres que não pintam os cabelos brancos parecem desleixadas e precocemente envelhecidas.

A jornalista e influenciadora Sophie Fontanel reverteu a situação de uma maneira grandiosa. Ela estava cansada de pintar o cabelo, cansada de se enganar: "E finalmente, aos 53 anos, decidi aparecer", ela escreveu em seu livro, *Une apparition*.[24] Foi essa busca pela verdade, pela liberdade que, em suas próprias palavras, a trouxe à luz. O livro é encantador, a história de uma mulher livre que recusa imposições e quebra tabus. O cabelo está tão intimamente associado à feminilidade que sua "cegueira" poderia ter sido um impedimento. Considerando as reações no seu Instagram e o amor que ela recebe, o oposto é verdadeiro: ela é um verdadeiro modelo.

### *As imposições no âmbito familiar*

Outra imposição é a imagem ideal de casal e de família. Na verdade, é bastante estranho aderir a essa imagem de felicidade quando, ao nosso redor, vemos tantas pessoas se divorciando, passando por adversidades, sozinhas ou com filhos. A literatura está repleta de histórias tristes, de casais que se odeiam, de famílias desestruturadas. Será que estamos sendo enganados por esses modelos ou estamos perpetuando um ideal mentiroso apenas para não perder a esperança?

No livro *Un bonheur parfait*,[25] James Salter faz uma análise de uma família que possui todos os atributos da felicidade, pintando um quadro doce e invejável. "Jantares no campo, a mesa cheia de taças, flores, comida farta [...], uma sensação de bem-estar. Refeições longas, na quais as conversas nunca se esgotam. Esse casal leva uma vida especial, generosa, na qual eles têm poucos amigos e preferem dedicar seu tempo aos filhos." O leitor se surpreende quando descobre o que está por trás das aparências, quando as máscaras caem. "Uma das últimas grandes revelações é que a vida não será como você sonhou."

A literatura se alimenta da sociedade, e os escritores falam sobre o mundo e suas imperfeições. Gostaríamos de ser como a família ideal, mas quem pode dizer o que acontece com esses vizinhos irritantemente perfeitos quando a porta está fechada? Será que um dia encontrarei meu príncipe encantado? Apesar das críticas do feminismo e de uma emancipação de valores moralistas, o príncipe encantado continua sendo esperado. Mesmo que o casamento não seja mais uma obrigação social, é bom estar apaixonado, é bom viver a dois. Na França, 36,7% das mulheres são solteiras[26] e, com a ideia de casal ainda sendo a norma, essas mulheres são alvo de todo tipo de especulação e muitas vezes enfrentam a pressão familiar e social, ouvem perguntas indiscretas e comentários maldosos: "Ainda está sozinha?", "Não tem ninguém em sua vida?", "Está saindo com alguém?". Se elas colocassem uma moeda em um cofrinho toda vez que fossem questionadas, poderiam se dar de presente uma grande viagem nas férias.

Em *Tout pour plaire... et toujours célibataire*,[27] a psicanalista Sophie Cadalen e a jornalista Sophie Guillou fazem a seguinte análise sobre esse tipo de pergunta:

> São perguntas que vêm de nossos pais, apenas preocupados com nossa felicidade, de amigas que nos questionam com um sorriso cúmplice, de nossa irmã mais nova, que vai se casar em breve e se sente constrangida de passar na nossa frente, de alguém que só anda com casais. [...] O casal

continua sendo o modelo padrão. O celibato é tolerado quando é transitório, mas quando constitui uma escolha e se estabelece, torna-se suspeito.

Imagino que muitos de nós já assistimos àquela cena mítica em que Bridget Jones é a única mulher solteira em um jantar em que apenas casais são convidados.[28]

*– Como vai a vida amorosa?*

*Oh, não, não vai. Por que eles fazem isso? Por quê? Talvez os Casados Orgulhosos tenham ficado tão frustrados uns com os outros que não sabem mais como se comunicar com indivíduos solteiros. [...]*

*– Pois é, Bridget, por que você não casou? – zombou Woney [...], acariciando sua barriga visivelmente fértil.*

*"Porque não quero me parecer com você, sua vaca leiteira gorda", foi o que eu deveria ter respondido, [...] ou, "porque, Woney, sob minhas roupas, minha pele está coberta de escamas". [...]*

*– É melhor você se apressar e engravidar, minha velha – Cosmo me disse. [...] – Estamos correndo contra o tempo. [...]*

*– Vejamos, quais são exatamente as estatísticas? Um em cada três casamentos ou um em cada dois casamentos que terminam em divórcio hoje em dia?*

*Peguei um táxi e comecei a chorar.*

Com tanta pressão, que confiança as pessoas solteiras podem ter em si mesmas? Sem falar nas que não se encaixam nas normas, as mulheres lésbicas, pessoas transgêneros ou assexuais.

Ou as que optam por não ter filhos. Esse é o caso psicanalista Laure, de 46 anos.

*"Não importava o quanto eu respondesse aos curiosos que se tratava de uma escolha: eu sempre recebia aqueles olhares de canto, com julgamentos, com expressões impressionadas. Eu fazia questão de responder de forma um pouco agressiva: crianças? De jeito nenhum! Eu não queria contar a eles*

*sobre minha infância horrível, sobre meu pai que abandonou a família para viver com uma mulher muito mais nova, sobre minha mãe que era incapaz de cuidar de mim e de minha irmã, sobre as noites que passei no carro, sobre os lares adotivos... Tudo isso é minha história, não é da conta deles. Eu conseguia ver o que eles estavam imaginando. Não achavam que eu era lésbica, porque eu saía com homens, mas achavam que eu era provavelmente estéril, e certamente egoísta. O fato é que eu não conseguia me ver trazendo uma criança ao mundo e transmitindo minhas neuroses. Eu já tinha muito trabalho comigo mesma. Não teria mudado de ideia e não me arrependo de nada, já fui deixada por dois homens para os quais ter filhos era fundamental. Na minha idade, os olhares de julgamento estão aos poucos se transformando em olhares de pena. As pessoas acham que é tarde demais. Não me importo, agora vivo com um homem divorciado que raramente vê os filhos, pois já cresceram e moram no exterior.*

*Isso me convém perfeitamente."*

Em dezembro de 2018, a artista Sophie Calle apresentou uma exposição intitulada *Parce que* ("Porque", em tradução livre) na Galerie Perrotin, em Paris, com uma série de fotografias, cada uma escondida atrás de um tecido no qual havia uma frase bordada. Uma delas dizia: "Porque encontrei uma definição de mim mesma com sete palavras na Internet: 'Sophie Calle, artista sem filhos por opção'". Atrás da cortina vermelha, a foto a mostrava amamentando um bebê que não era dela. Uma resposta provocativa à imposição da maternidade que é invasiva e grosseira.

## Razões familiares

De todos os motivos para nossa falta de autoconfiança, sempre voltamos à família e ao terreno fértil da infância.

Laetitia, 43 anos, advogada especializada em direito de família, explica:

*"Meu irmão é um ano mais velho do que eu. Como ele repetiu o último ano do Ensino Fundamental, fizemos o Ensino Médio ao mesmo tempo. Isso já*

*era algo que eu imaginava, pois sempre tive excelentes notas, enquanto ele era um aluno mediano e precisava se esforçar muito para chegar lá. A nossa formatura foi horrível: recebi uma menção de excelência enquanto ele ficou de recuperação. Deixei de comemorar para poder incentivá-lo. Embora meus pais não tenham expressado decepção com ele ou orgulho por mim, meu irmão reagiu de maneira bastante agressiva. Felizmente, ele acabou conseguindo passar de ano e entrou na universidade (ele fez faculdade de história, e, eu, de direito). Logo nos tornamos próximos novamente, mas levei muito tempo para perceber que minha falta de autoconfiança estava enraizada naquele episódio traumático. Sempre evitei comemorar meus sucessos (como ser aprovada no exame da ordem em Paris e em Nova Iorque), sucessos esses que eu minimizava sistematicamente: dizia que eu tinha tido sorte, que não havia necessidade de dar tanta importância a isso, pois muitas pessoas também tinham conseguido [...]. Aos 30 anos, apesar de uma carreira próspera, eu estava sozinha e sabotando constantemente meus relacionamentos. A terapia me ajudou a entender que eu não estava me permitindo ser feliz até que meu irmão também fosse. Então, ele se casou e teve um filho. Dois anos depois, eu também me casei, recuperei minha autoconfiança e, quando alguém me faz um elogio, não tento justificar meu sucesso pelo acaso ou pela sorte, aprendi a dizer simplesmente: obrigada."*

Nossa autoconfiança e nossa autoestima estão enraizadas em nosso passado, em nosso histórico de relacionamentos, independentemente de sermos homens ou mulheres. É na profundidade de nossa interação com nossos pais ou com as pessoas que cuidaram de nós na infância que se forma a tendência a persistir, a assumir riscos em busca de uma vida melhor, a estar armado com vitalidade emocional.

### Teorias do apego: a necessidade de segurança e de autoconfiança

Rogers, como vimos na página 33, fala sobre o olhar positivo incondicional, mas outros dois pesquisadores também dedicaram suas carreiras a estudar de perto a questão do desenvolvimento psicológico ideal: o psiquiatra e psicanalista inglês John Bowlby, com sua teoria do apego,[29] e, mais tarde, uma de suas maiores colaboradoras, a estadunidense Mary

Ainsworth. Ela é duplamente digna de um lugar neste livro, pois apesar de sua autoridade e da importância de suas pesquisas, ela confessou sofrer falta de autoconfiança, afirmando que duvidava constantemente de seu próprio valor.

Após o experimento que chamou de "Teoria da situação estranha",[30] Ainsworth estabeleceu três estilos diferentes de apego que dependem do relacionamento entre mãe e filho:[31]

- O mais comum, o apego seguro;
- O apego ambivalente e inseguro;
- E o evitante e inseguro.[32]

Esse modelo teórico, um dos mais importantes do século XX, foi o pioneiro em enfatizar a ligação entre apego e confiança. Ele destaca o relacionamento entre mãe e filho analisado por Bowlby e depois por Ainsworth. No entanto, a própria Ainsworth teve o cuidado de aliviar a culpa das mulheres ao revelar sua vida pessoal: "Se eu tivesse tido filhos como desejava, gosto de pensar que teria conseguido alcançar um equilíbrio satisfatório entre meu papel de mãe e minha carreira, mas não acho que exista uma solução pronta, fácil e universal para esse problema".[33]

A teoria de Ainsworth destaca a necessidade fundamental e inata das crianças de se sentirem seguras. Para isso, elas criam um vínculo com os pais, usando uma série de sinais, desde choro e gritos até sorrisos. Esses sinais são projetados para atrair a atenção e maximizar as chances de o bebê receber os cuidados de que precisa. Bowlby explica: "O comportamento de apego é concebido como toda forma de comportamento que resulte na obtenção e na manutenção da proximidade com uma pessoa diferenciada, preferida, geralmente percebida como mais forte e mais sábia".[34]

Uma atitude parental que esteja atenta à necessidade da criança de ser ouvida e compreendida, combinada com retornos consistentes, proporciona uma sensação de segurança e proteção, especialmente quando o sofrimento e a angústia são aparentes.[35] A ansiedade, o medo e outras emoções negativas são acolhidos e regulados. As crianças se sentem seguras para explorar seu próprio espaço quando sabem que podem retornar à base (os pais) e que eles estão presentes. Em seu livro sobre apego,[36] Nicola Diamond e Mario Marrone fazem referência a Bowlby: "Ele achava que a autoestima dependia em grande parte da qualidade do apego [...]. Em termos bowlbianos, uma criança que viveu a experiência de ser amada por seus pais provavelmente terá uma alta autoestima. Existir de uma forma única, ter sido aceito (mesmo tendo se comportado mal) aos olhos dos outros significa que, em troca, você pode se sentir bem consigo mesmo e ser movido pela convicção profunda de que é 'amável', em outras palavras, digno de ser amado".

"Só se vê bem com o coração; o essencial é invisível aos olhos": essa frase de *O Pequeno Príncipe*, de Saint-Exupéry, captura metaforicamente as qualidades humanas – atenção e empatia – que permitem aos pais ouvir e se preocupar com as necessidades de seus filhos. Essas atitudes ajudam a desenvolver nossa autoconfiança. Sem cair no determinismo, quando esse diálogo inicial de amor responde a toda a gama de emoções de uma criança, ele ajuda a nutrir e manter um senso de valor pessoal e uma autoestima realista.

Já, ao contrário de um cenário familiar seguro, uma criança que se depara com reações parentais pouco reconfortantes, marcadas por um certo grau de distância emocional e de inconstância, se sentirá incompreendida ou rejeitada, e essa representação mental de si mesma a levará a duvidar de seu valor.

Mais tarde, não é incomum que comportamentos como a busca pelo sucesso, a necessidade de reconhecimento (que desaparece assim que você se aproxima dele) ou de aceitação revelem essa falta de valorização inicial.

Mas atenção: o determinismo não existe. Como qualquer processo psicológico, como qualquer construção mental, é sempre possível desaprender o que você aprendeu.

### *Por que é importante respeitar a singularidade de cada criança*

De modo geral, uma educação que não considera a criança em sua totalidade como ser humano (com sua própria individualidade, e não simplesmente uma extensão das figuras parentais) pode contribuir para prejudicar o estabelecimento e a manutenção de uma visão confiante de si mesmo. Quando condicionamos a afetividade a padrões rígidos, impondo uma escolha arbitrária entre emoções aceitas e rejeitadas, levamos as crianças a reprimirem as emoções percebidas como inaceitáveis.

O círculo vicioso da não aceitação de si mesmo ganha contornos perversos: a criança deduz que há algo de vergonhoso nela. A autoestima e o respeito por si são afetados, a autoimagem torna-se instável e dependente das respostas negativas ou positivas dos pais, aos seus sucessos ou fracassos (ou, mais tarde, de outra figura de autoridade). A prisão da avaliação encurrala a autoestima da pessoa, pois ela luta entre "ser" e "fazer", em vez de ser aceita pelo que é. Por exemplo, se uma menina quer praticar boxe, mas seus pais a imaginaram fazendo ballet, comprar luvas de boxe para ela e não a reduzir a estereótipos significa respeitá-la.

### *As expectativas dos pais em relação às meninas*

No ambiente familiar, as expectativas em relação às meninas geralmente são diferentes das expectativas colocadas nos meninos. Embora seja geralmente aceito que um menino possa se envolver em brincadeiras brutas, uma menina que faz isso é considerada um "Joãozinho". A norma tende a incentivar as meninas a cuidar dos outros, às vezes encorajando-as a colocar as necessidades dos outros acima das suas próprias, o que mais tarde se traduz em uma relutância em dizer não ou em se limitar a um papel de "apoio", um papel secundário.

O hábito de ser desvalorizada em comentários críticos ou comparações humilhantes entre irmãos ("seu irmão é melhor do que você") também pode contribuir para que a menina internalize uma narrativa em que a autoimagem positiva e confiante é afetada e transformada em autocrítica. São implementadas crenças limitantes nas quais, para ser apreciada ou valorizada, por exemplo, é preciso ser uma boa menina. Dessa maneira, as meninas que cresceram em um contexto em que o irmão era favorecido do ponto de vista educacional provavelmente estarão mais inclinadas a duvidar de si mesmas. Mas voltaremos a esse assunto no Capítulo 9.

### *O olhar dos pais e a síndrome da impostora*

Pauline Clance e Suzanne Imes[37] indicam que a síndrome da impostora tem origem a partir de uma leitura errônea das mulheres sobre si mesmas. Esse olhar dos pais está profundamente arraigado nas mulheres e contamina a maneira como elas se veem. Os dois contextos familiares representam os dois lados da mesma moeda.

- No primeiro contexto familiar, uma jovem é considerada como sendo capaz de qualquer coisa, estando acima de tudo. "Essa mulher cresce dizendo para si mesma: 'Não há nada que eu não consiga fazer se eu quiser, e conseguirei com facilidade'. Com o tempo, porém, ela se vê em situações em que não consegue se destacar tanto quanto ela (ou sua família) gostaria. Ela se sente obrigada a atender às exigências das pessoas ao seu redor e começa a sentir que não está à altura das expectativas que os outros têm dela. Ela tem de se esforçar duas vezes mais para obter as notas desejadas e começa a acreditar que é, de fato, uma impostora.
- O outro lado da moeda revela um contexto familiar no qual a menina é considerada inferior ao restante de seus irmãos, que julgam outra pessoa como inteligente.

> Desde muito cedo, ela desejou provar que também era inteligente, mas, apesar de seus esforços, as percepções das pessoas ao seu redor pareciam não mudar. Ao demonstrar sua desenvoltura escolar para a família, muitas vezes obtinha excelentes resultados, mas nenhum reconhecimento por eles. É assim que a mulher cria o sentimento de ser uma impostora. Ela continua tentando provar seu valor para os outros e passa a achar que eles têm razão em considerar que ela não está à altura.[38]

Para a dra. Jessamy Hibberd, críticas severas e amor condicionado ao sucesso que os pais podem expressar são outro fator na construção do sentimento de impostora. "Se você crescer internalizando uma narrativa crítica ou negativa, a maneira como você faz as coisas sempre será percebida como insuficiente. Principalmente se você for do tipo perfeccionista: nada corresponderá às suas expectativas e, mesmo que tenha sucesso, você continuará mudando a meta, sem nunca chegar lá completamente."

Assim entra em ação todo um sistema de autocrítica, e essa mistura explosiva impede a pessoa de se ver de forma positiva e bloqueia qualquer possibilidade de ser gentil consigo mesma.

Desse modo, que nos lembremos de uma regra essencial: se temos um problema de falta de confiança porque isso está intrínseco em nós como mulheres ou porque nos sentimos fora de sintonia com a sociedade em que vivemos, porque não temos seguidores suficientes no Instagram ou porque estamos barrigudas, ou porque nossos pais nunca nos disseram que éramos amadas, o importante no fim das contas é saber que essa falta de confiança não é irreversível. Ela flutua. Se mudarmos nossas crenças e ultrapassarmos os limites que nos são impostos ou que impomos a nós mesmas, podemos pouco a pouco alcançar nossos objetivos.

# 3

# Os perfis da síndrome da impostora

*Assim que você confiar em si mesmo, você saberá como viver.*

(Goethe)

Por trás de questões como dúvida patológica, da ditadura de exigências e das crenças que atribuem o sucesso ao acaso, as candidatas à síndrome da impostora podem ser descritas de acordo com vários tipos de perfil. Voltemos a Valerie Young (página 27): com base no sucesso de seus workshops terapêuticos, ela viajou pelos Estados Unidos com um de seus primeiros exercícios, intitulado "Como você define as regras para avaliar suas habilidades?". Depois de coletar centenas de depoimentos, ela percebeu que "as mulheres não definiam a noção de competência da mesma maneira que os homens. Para evitar lidar com a ansiedade ou com a vergonha de não estar 'à altura', elas estabeleciam regras muito estritas para definir as suas competências". Com base nisso, Young identificou cinco perfis:

- A perfeccionista;
- A especialista;
- A independente;

- A superdotada;
- A supermulher.[1]

As linhas entre os diferentes perfis apresentados por Young são tênues e é fácil nos reconhecermos em mais de um deles. Esses perfis têm o mérito de nos mostrar as várias facetas da síndrome: reconhecemos muitas mulheres que concordaram em testemunhar para este livro ou que Anne de Montarlot observou clinicamente durante suas consultas. No entanto, outros traços surgiram no decorrer de nossos encontros. Por isso, achamos que seria interessante completar essa tipologia com dois outros perfis, mais relacionados à falta de autoconfiança do que à síndrome de impostora propriamente dita:

- A devotada;
- A falsa confiante.

## A perfeccionista

A primeira categoria é a perfeccionista. É a mais frequente, tamanha sua correlação com sentimentos de impostora. "O foco está na maneira como algo é feito: uma pequena falha, mesmo que esteja ofuscada por um desempenho espetacular, equivale a um sentimento de fracasso e, portanto, de vergonha", explica Valerie Young. No caso de uma perfeccionista, essa definição de competência influenciará a maneira como ela se sente uma fraude. Vamos dar uma olhada mais de perto nesse tipo de personalidade, já que ele é tão típico e disseminado.

### *O perfeccionismo como uma reação ao sentimento de impostora*

Quando somos afetadas pela síndrome da impostora – seja constantemente ou em momentos específicos da vida –, estremecemos ao pensar que nossa "incompetência" poderá ser revelada e buscamos compensar de maneira exagerada essa incompetência para evitar a vergonha. O resultado é um comportamento que consiste em se impor padrões muito altos, ou até mesmo impossíveis de serem alcançados.

O perfeccionismo como estratégia torna-se o combustível perfeito para reforçar as crenças de impostora. Repetimos para nós mesmas: "Se fui bem-sucedida, não foi porque realmente tenho capacidade, mas porque me esforcei 500%", o que leva a uma maior falta de autoconfiança e, é claro, à exaustão que prejudicará qualquer tentativa de sucesso.

### *Mas o que é perfeccionismo?*

É natural querermos ter sucesso em tudo o que fazemos, e o desejo de perfeição pode ser uma fonte de motivação, uma força motriz. Mas essa necessidade pode ser insalubre quando se torna um tirano interior, como uma pequena voz que não nos deixa em paz. Os psicólogos falam sobre "altas exigências" ou "altos padrões": é quando não podemos tolerar a menor falha, o menor fracasso. Sentimos que nunca somos boas o suficiente, seja no trabalho ou em outras áreas da vida.

Essa é a diferença entre o perfeccionismo adaptativo e o perfeccionismo desadaptativo: "O perfeccionismo adaptativo é o desejo de atingir altos padrões que podem ser alcançados com algum esforço. O perfeccionismo desadaptativo é a tendência de se impor exigências excessivas e inatingíveis, levando à ansiedade e ao estresse".[2]

Os psicólogos Paul L. Hewitt e Gordon L. Flett descrevem o perfeccionismo em três dimensões:

- Em relação a si mesmo;
- Em relação aos outros;
- Socialmente prescrito: a crença de que os outros têm expectativas irrealistas, mas que temos de cumpri-las.[3]

Nessa última dimensão, estamos sujeitas a uma pressão imaginária de termos de ser impecáveis. Podemos imaginar como é fácil para as mulheres de hoje em dia, com todas as imposições sociais, cair nessa categoria de perfeccionismo mal adaptado.

Quanto ao perfeccionismo em relação aos outros, ele geralmente leva a conflitos. É o que acontece entre casais ou entre colegas devido à criação de exigências extremamente elevadas.

Vamos conhecer agora uma história que merece ser aprofundada. É a história de Laura, uma bancária brilhante de 32 anos, para quem todos os planetas devem estar alinhados.

*Laura recebeu uma educação severa, controladora e exigente: "Minha infância oscilou entre o gentil e o violento. Meu pai também teve uma infância muito difícil: aos três anos ele presenciou a morte de seu pai, meu avô. Aos seis anos, ele foi colocado em um internato e cresceu sofrendo, sem receber afeto. Ele estabelece relações de poder muito intensas com todos, inclusive comigo. Como ele é professor, muitas vezes estava em casa na hora da lição de casa, e era exatamente a hora em que minha mãe trabalhava fora. Quando eu estava aprendendo a ler, ele não tinha paciência e me batia se eu não fosse rápida o suficiente, se não conseguisse ler imediatamente. Sem dúvida, isso moldou minha relação com o trabalho, incutindo em mim a exigência de perfeição e o medo de cometer erros. Com meu pai, eu sempre tinha a sensação de estar pisando em ovos. Na adolescência, comecei a ter problemas alimentares. Por volta dos 14-15 anos, desenvolvi anorexia e depois bulimia, o que também afetou meu relacionamento com os homens: geralmente associo os homens à violência e à tirania. É claro que levei muito tempo e precisei de muita terapia para perceber isso".*

## As manifestações de perfeccionismo

*"Mais tarde, quando comecei a trabalhar, pude perceber minha relação com os erros, com a busca pela perfeição, com a necessidade de ser sempre 'validada' pelos meus superiores: adotei uma postura um pouco infantilizada perante meus superiores, fossem eles homens ou mulheres. Eu trabalhava em um prestigioso banco de investimentos e sempre precisava ser reconhecida, receber do meu gerente a mensagem de que ele estava orgulhoso de mim; essas eram as únicas palavras que me tranquilizavam. Sem isso, eu sentia que não era 'suficiente', que não pertencia à empresa. Ainda hoje, sinto que preciso me esforçar mais para que as pessoas percebam que sou inteligente. Aos 23 anos e mesmo mais tarde, eu tinha um complexo intelectual, precisava*

*provar minha competência o tempo todo. Essa sede de sucesso, de provar que meu pai estava errado, foi útil para mim, pois impulsionou minha carreira. Trabalhei em Paris e na Suíça, e depois fui promovida para Londres."*

## Perfeccionista e independente

*"Minha chefe era uma mulher que eu considerava como uma mãe, então por muito tempo projetei nela a minha necessidade de validação. Em um dado momento, a carga de trabalho aumentou muito. Eu estava exausta, e esse relacionamento privilegiado se voltou contra mim, tornando-se tóxico. Era como se a mulher que eu via como minha mãe tivesse, na verdade, se tornado meu pai. Eu tive um burnout e precisei tirar dois anos de licença, para resolver meus problemas, para refletir sobre essas experiências profissionais muito violentas, mas também sobre minha vida pessoal, sobre essa necessidade constante de reconhecimento, esse sentimento de não ser 'suficiente'. Preciso admitir que não gosto de receber ajuda. Meu pai costumava fazer isso e me criticava de forma tão violenta: 'Tenho de fazer tudo de novo porque o que você fez está uma porcaria!'. No escritório, no entanto, as pessoas estão sempre tentando me ajudar e estou começando a perceber a importância disso."*

## Desconstruindo dois perfis

*"Comecei um novo emprego, em um grande projeto de fusão e aquisição, quando algumas semanas depois um colega de equipe me disse: 'Nosso chefe me falou que você vem trabalhando com perfeição e, sabe, ele é muito exigente e quase nunca elogia alguém. De todo modo, eu nunca duvidei de você'. Me senti reconhecida e tranquilizada por essas palavras. Também sinto que me conheço melhor e percebo o quanto sou exigente comigo mesma, o que é ridículo, porque é uma autossabotagem. Também percebi que dei um passo à frente e conquistei a confiança dessas duas pessoas, o que é muito importante. É nos olhos delas que me sinto validada, inteligente e reconhecida. O que me ajudou a desconstruir essa exigência de perfeição foi, de fato, o autoconhecimento. Uma de minhas qualidades é que sou muito realista,*

*não tenho medo de ver as coisas como elas são. Essa objetividade sobre meus limites e pontos fortes me ajuda a mapear as coisas: sei quando estou indo longe demais. Então, esse autoconhecimento me ajuda. Já me machuquei muito e agora estou tentando me respeitar, agora não coloco mais ninguém na minha frente, ninguém é mais importante do que eu."*

### Perfeccionismo feminino

Tradicionalmente, em casa e na escola, as meninas são elogiadas e valorizadas quando são perfeitas e bem-comportadas. A validação por essas qualidades é sempre um objetivo. Ser "boa" é ser perfeita. A bagunça dos meninos é muito mais tolerada, o que de certa forma os prepara e os treina ainda mais para as imperfeições da vida.

Em seu livro *The Curse of the Good Girl* ("A maldição da boa menina", em tradução livre), Rachel Simmons faz um excelente trabalho ao descrever como as meninas são educadas para serem polidas, modestas e reservadas. Ela denuncia essa versão incapacitante de si mesma:

> Espera-se que as "meninas boazinhas" sigam as regras e se comportem perfeitamente. Elas não têm muito espaço para assumir riscos. [...] Como resultado, acabam optando pela prudência e isso se torna um hábito que se reforça: quanto mais conforto as garotas sentem em tomar o caminho mais fácil, mais assustadora se torna a possibilidade de cometer erros.[4]

Quando se tornam adultas e precisam se afirmar e lidar com as críticas, quando precisam encontrar ou mesmo criar seu lugar ao sol, a narrativa na qual as meninas foram imersas não as ajuda exatamente.

Além disso, a tendência perfeccionista imposta desde a infância nunca parece de fato deixá-las, se transformando inclusive muitas vezes em uma obsessão. Na adolescência e na idade adulta, muitas mulheres impõem a si mesmas o ideal do "tudo perfeito", o que as leva a uma cascata de situações vivenciadas como fracassos, seguidas de autocrítica, ansiedade e dúvidas sobre suas habilidades. Isso não apenas trava seus esforços para conquistar suas ambições, mas também promove um sentimento de impostoras: elas não acreditam em suas habilidades, embora sejam capazes. Ser guiada pela ideia de que você precisa ser perfeita antes de se arriscar é o pior veneno de todos.

### *O sentimento de impostora como consequência do perfeccionismo*

Esse mecanismo tóxico geralmente está relacionado a mulheres sobrecarregadas com muitas responsabilidades: elas demonstram certa exigência na maneira de administrá-las, achando que tudo deve ser tratado com o mesmo nível de energia. Na verdade, é somente depois de cumprir uma longa lista de "obrigações" que elas finalmente se dão o direito de pensar em seus próprios desejos.

Na análise clínica, principalmente de pacientes que trabalham no mundo financeiro, Anne notou que muitas delas sofrem exaustão, depressão ou ansiedade. Às vezes, são dominadas por uma raiva reprimida, cercadas de frustração e culpa, porque sentem que não estão correspondendo às expectativas. Foi por meio das descrições dessas pacientes que logo identificamos a causa dessa angústia, a força de uma visão idealizada que se concentra no que está faltando, em quase todas as áreas da vida: seja a maneira como se vestem, a maneira como gerem a casa, como praticam esportes, a maneira como seus filhos e maridos se comportam, como performam na cama ou, é claro, no escritório.

Muitas vezes, em meio a lágrimas, elas expressam consternação com o que consideram erros. Sentem-se frustradas por não terem sido capazes de antecipar e assumir maior controle de suas "tarefas". Ficam paralisadas diante do computador, do espelho, do livro de receitas, sempre à procura da receita perfeita, da iniciativa, da piada ou do comentário que finalmente fará com que se sintam à altura. Essa angústia dá um rosto à brutalidade do perfeccionismo. As consequências são claramente catastróficas e promovem uma visão altamente crítica de si mesmo.

Nessas condições, como não duvidar de suas habilidades? É disso que se trata o mito do perfeccionismo.

*Marie-Hélène é uma mãe de três filhos e trabalha em tempo integral. Ela chegou perto do burnout depois que... seus filhos pegaram piolho na escola. Uma situação aparentemente banal e risível que serviu como gatilho. Sem pedir ajuda, ela se viu em um estado de exaustão física, tendo de administrar a lavagem diária das quatro camas da casa, aplicando xampu em todas as cabeças, verificando uma por uma com um pente fino, tudo isso além das reuniões, das compras, dos deveres de casa e assim por diante. Irritada, decepcionada, magoada e furiosa com a atitude do marido, que ela considera negligente, Marie-Hélène acabou perdendo completamente o controle e duvidando de si mesma e de suas habilidades, não conseguindo mais assumir as responsabilidades da casa, os jantares com os clientes e o acúmulo de trabalho, que não estava progredindo. Ela entrou em colapso depois de duas semanas.*

Essa experiência poderia ser considerada até desproporcional se não fosse sintomática do perfeccionismo doméstico, em que a mulher não pede ajuda, se impõe uma barra muito alta e "pressiona a si mesma". A sensação de nunca estar à altura, de estar exausta por coisas pequenas, de se sentir... estúpida, acaba prevalecendo.

Em vez de ver esses objetivos irreais pelo que realmente são, ou seja, como metas inatingíveis, algumas mulheres enxergam o fracasso anunciado como prova de sua incompetência e de sua inutilidade. Pouco a pouco, o menor sucesso – uma negociação bem conduzida, uma nota excelente, uma técnica de natação bem executada – é apenas uma vitória rapidamente depreciada. Essas interpretações mantêm o perfeccionista em seu mal-estar.

Já o fracasso, por menor que seja, é percebido como uma catástrofe e reforça os sentimentos de extrema dúvida sobre as habilidades e a autoestima da mulher perfeccionista. Para evitar o fracasso, ela se envolve em uma espiral de esforços desmedidos, um turbilhão de verificações e pressões constantes, um estresse difícil de suportar, tanto para si mesma quanto para as pessoas ao seu redor. Desprovida de compaixão, ela exige de si mesma um desempenho impecável.

Paradoxalmente, a paralisação pode ser outra consequência: a perfeccionista imagina erroneamente que não será capaz de realizar uma tarefa com perfeição, e isso a paralisa: ela não pode correr o risco da imperfeição e se questiona qual seria a vantagem de apenas começar.

### *A perfeccionista e suas crenças desadaptativas*

Será que somos capazes de sermos perfeitas o tempo todo? Mesmo que a resposta seja obviamente negativa, a perfeccionista tem crenças desadaptativas que servem a ideais absolutos:

- Seus objetivos não levam em conta os limites;
- As expectativas em relação a si mesma são estratosféricas;
- O medo de cometer erros e fracassar é doentio;
- Os princípios são rígidos, sem nuances e com um modo de pensar "preto ou branco";
- Ela obedece a uma infinidade de "tenho que".

Essas crenças limitadas reforçam a ideia de que o menor erro será fatal. Tudo isso leva à fobia do fracasso, que, por sua vez, pode levar a um círculo vicioso de sentimentos de impostora.

### A FALTA DE AUTOCONFIANÇA AINDA ESTÁ PROFUNDAMENTE ENRAIZADA...

A "tirania do dever" é uma expressão cunhada pela psicanalista neofreudiana Karen Horney.[5] Essa mulher extraordinária desafiou o pai autoritário para estudar medicina. Mais tarde, desafiou as teorias do pai da psicanálise, Sigmund Freud, sobre a psicologia das mulheres, sugerindo que alguns dos problemas mentais sofridos pelas mulheres não eram resultado de instintos e impulsos biológicos, mas das condições sociais e culturais que elas enfrentavam.[6] Esses problemas não eram mais apenas intrapsíquicos, mas também inter-relacionais, que ressaltam o papel crucial dos relacionamentos humanos na formação de nossas crenças, nas nossas visões de mundo e, de forma mais ampla, no nosso bem-estar ou mal-estar.

Para combater a visão do lugar da mulher pelo prisma do olhar masculino e freudiano, ela inverteu os papéis e argumentou que não eram as mulheres que sentiam "inveja do pênis", mas os homens que sofriam de "inveja do útero". Em outras palavras, quando as mulheres dão à luz, tudo o que os homens precisam fazer é reafirmar sua superioridade em outras áreas, o que indiretamente contribui para a subjugação feminina.

Karen Horney também enfatizou o peso e o papel dos pais na construção de um sentimento de confiança por meio de uma atmosfera calorosa ou, ao contrário, um sentimento de ansiedade em uma criança que cresce em um ambiente frio, agressivo e hostil.[7]

### SEIS SINAIS DE ALERTA SOBRE O PERFECCIONISMO

1. Excesso de trabalho que não leve em conta o tempo investido;
2. Relutância em embarcar em novos projetos sem estar 100% pronta, por medo de fracassar (o que pode levar, na pior das hipóteses, à procrastinação);
3. Foco excessivo no que está dando errado;
4. Incapacidade de delegar e controle permanente dos outros, em alguns casos, para evitar cometer erros;
5. Exigências rigorosas de perfeição autoimpostas, combinadas com uma tolerância muito baixa a críticas externas;
6. Autocrítica mordaz.

## A especialista

"A especialista é para o conhecimento o que a perfeccionista é para a qualidade",[8] diz Valerie Young. Em outras palavras, "só serei competente se souber tudo!". A especialista é, portanto, a "Senhora-Sabe-Tudo-Sobre-Todas-As-Coisas". Essa obrigação de saber tudo corresponde à sua própria definição de competência. É um pouco como a pessoa "superdotada", ela não se sente confortável com a ideia de aprender, porque isso pode significar que ela (como todo mundo) tenha falhas no conhecimento ou coisas a aprender.

Antes de mergulhar de cabeça, ela precisa ter uma visão geral completa e total domínio do assunto. Nunca sabe o suficiente, por isso é uma eterna estudante. Observa-se facilmente como isso pode se tornar um obstáculo considerável para que ela se candidate a um novo emprego. Em vez de acreditar que tem qualificação e experiência suficientes e que o restante de seus conhecimentos e habilidades será adquirido à medida que ela progredir na empresa, ela antecipa o que pode lhe faltar.

*Zoé tinha todas as qualificações e experiência necessárias para um emprego dos sonhos em uma grande empresa sueca. "Mas eu não falava sueco e, embora o emprego fosse em Boston e todas as conversas dentro da empresa fossem em inglês, eu achava que era essencial falar sueco. Fiz um curso de três meses paralelamente ao processo de seleção; fui passando nas etapas, mas como não dominava totalmente o idioma, preferi desistir antes da última entrevista. Isso me fez perceber que essa necessidade de conhecimento estava me atrapalhando muito e que eu havia perdido duas grandes oportunidades de progredir em minha carreira. Agora estou com 33 anos e, graças à terapia comportamental, não deixarei minha chance passar novamente."*

## A independente

"A independente assume uma tarefa e quer levá-la até o fim, de A a Z. Será ela e somente ela a estar na lista de desempenho. Ela acha que tem de resolver tudo sozinha e pedir ajuda é um sinal de fraqueza e de vergonha."

Entenda:

- "Só serei competente se eu fizer tudo sozinha";
- Chamar outra pessoa quando necessário é um crime de lesa-majestade porque a independente tem de avançar por conta própria;
- Precisar de ajuda seria uma prova de fraqueza.

Em outras palavras, mulheres independentes navegam sozinhas. Esse é o caso de Violette, 28 anos. Ela foi criada de uma maneira dura, como o menino que seu pai tanto desejava ter tido. Apenas uma ideia ocupava sua mente: fugir de sua cidade provinciana, com seu diploma universitário em mãos, estudar modelagem e se tornar figurinista, um sonho de menina alimentado por romances históricos.

> *"Sempre soube me virar muito bem e logo percebi que só poderia contar comigo mesma para conseguir o que queria. Meus pais achavam que o show business não tinha uma boa reputação, que não tinha seriedade, então preferiram que eu seguisse carreira no serviço público. Foi trabalhando como babá, fazendo pequenos serviços autônomos e dividindo o apartamento, que consegui ir para Paris e me graduar. Recebi menção de excelência da banca avaliadora pelo figurino que criei da Maria Antonieta. A sorte sorriu para mim novamente quando consegui um emprego na Comédie Française. Minha trajetória profissional logo me levou a assumir muitas responsabilidades. Eu estava acostumada a trabalhar de maneira rápida e solitária, cercada de livros. No fundo, eu sabia que não merecia tudo o que estava acontecendo comigo, devido à minha idade e à minha falta de experiência. Durante uma turnê pelo país, dois figurinos foram enviados para o teatro errado, colocando em risco o espetáculo. Acostumada a fazer tudo sozinha, resolvi confeccionar um vestido novo, sem levar em conta o pouco tempo que tinha. Sem me avisar, o produtor trouxe dois figurinistas que eu achava particularmente desagradáveis. Eu via cada sugestão, cada alteração, como prova da minha incompetência; uma atitude que desperdiçava o tempo de toda a equipe. Foi uma experiência dolorosa, mas me ajudou a entender que pedir ajuda e trabalhar em equipe poderia me ajudar a aprender e crescer. Ter sucesso pode ser conjugado no plural."*

## A superdotada

O que há de especial nesse tipo de pessoa afetada por sentimentos de impostora é que ela se preocupa não apenas com o sucesso, mas com o "como" e o com "quando". Como explica Valerie Young: "Para [as superdotadas], a competência é medida em termos de facilidade e velocidade. Se esforçar para dominar uma matéria ou habilidade, mas não conseguir ter sucesso na primeira tentativa é equivalente a fracasso e, portanto, a vergonha".

Entenda:

- "Não serei boa o suficiente se tiver que fazer o mínimo esforço";
- "Tenho que fazer tudo certo na primeira vez";
- "Trabalhar para adquirir novas habilidades é um pecado mortal e só reflete negativamente em mim";
- "Eu me vejo como ineficiente, lenta e vergonhosa".

Tudo o que for novo será abordado com essa visão tendenciosa, o que levará a uma exaustão moral imediata. A perseverança não é o ponto forte de uma pessoa superdotada; tudo deve simplesmente cair em seu colo. E ela precisaria saber o que deveria estar aprendendo!

*Aos 29 anos, Jessica é chefe confeiteira na maior padaria e confeitaria de uma bela cidade do interior. Ela aprendeu tudo lá, e seus chefes nunca pararam de elogiá-la. "Inevitavelmente, quando venderam a empresa há dois anos, insistiram para que os novos proprietários me mantivessem. Disseram que, sem minhas especialidades, a clientela iria embora. Fiquei lisonjeada, é claro. Mas assim que meus antigos chefes fecharam as portas, os novos proprietários, que por sinal eram maravilhosos, decidiram introduzir alguns novos doces ao cardápio. Nada muito absurdo, mas precisei retomar minhas receitas e inventar algumas novas. No início, isso me paralisou. Minha cabeça ainda estava cheia de elogios dos proprietários anteriores, e eu sempre fui considerada 'a' especialista, mas agora me vi tendo que aprender novas técnicas e quase joguei a toalha, porque me doía muito não ter dominado tudo na primeira tentativa. Felizmente, meus chefes sempre me diziam que confiavam em mim, que eram pacientes e que tudo se encaixaria. Mas, na época, achei que morreria de vergonha."*

## A supermulher

A supermulher pode ser comparada à divindade indiana Shiva, dotada de quatro braços e um terceiro olho, capaz de organizar o mundo. De acordo com Valerie Young, "a medida da competência de uma supermulher é o número de funções que ela pode assumir brilhantemente. Falhar em apenas um desses papéis: mãe, esposa, dona de casa, amiga, voluntária... é equivalente a vergonha, pois ela deveria ser capaz de assumir tudo". Entenda: "Sou uma supermulher que tem que fazer tudo!".

A supermulher está ligada nos 220 volts. Ela é perfeccionista, multiplica essa exigência e a estende a vários papéis. O sucesso em apenas uma área não a satisfaz, ela precisa brilhar em cada uma das funções que atribuiu a si mesma para se sentir competente. Uma malabarista sem igual, está presa na necessidade constante de ação, com o risco de perder o equilíbrio e acabar precisando de uma licença médica.

*Foi o que aconteceu com Désirée. Aos 28 anos de idade, ela tinha tudo a seu favor: um marido adorável, um bebê que dormia a noite toda, uma vida profissional realizada como arquiteta, um talento para organizar jantares e um dom para cozinhar que deixava suas amigas com inveja. Acrescente a isso um apartamento muito bem decorado em um bairro nobre de Paris.*

*"Às vezes eu me beliscava para acreditar, eu era tão sortuda, tinha me casado com o amor da minha vida, tínhamos um filho perfeitamente saudável, meus sogros e meus pais sempre vinham jantar conosco e ficavam encantados ao ver como eu administrava meu papel de mãe e meu trabalho como arquiteta. Às vezes, eu trabalhava em casa para passar mais tempo com meu filho, organizava jantares uma ou duas vezes por semana sob o pretexto de que era mais fácil receber as pessoas do que encontrar uma babá para sair, mas eu também tinha uma babá que cuidava do meu filho. Minha vida era perfeita.*

*Até o dia em que eu me envolvi em um projeto muito grande. Comecei a trabalhar à noite para manter o ritmo. Estava cansada, mas muito feliz.*

*Achei que seria um projeto duradouro. O projeto atrasou, o cliente fez um escândalo, tive que fazer turnos duplos e estava chegando em casa cada vez mais tarde. Apesar de tudo isso, recusei a ajuda do meu marido: ele é advogado e eu não queria incomodá-lo, então eu cuidava das compras, das refeições e assim por diante.*

*Tive que ir ao escritório em um sábado para terminar um caso e, quando cheguei em casa, meu marido me disse que nosso filho tinha dado seus primeiros passos. Meu bebê tinha andado e eu não pude vê-lo por não conseguir recusar um novo projeto. A notícia me abalou profundamente, e eu não conseguia parar de chorar.*

*Eu estava convencida de que era uma péssima mãe e de que meu filho seria infeliz. Meu marido me disse que eu estava vivendo sob pressão. Tirei dois meses de folga do trabalho, aprendi a dizer não e a parar de tentar cobrir todas as necessidades. Agora eu aceito ajuda e isso faz um bem danado."*

## A devotada

Gostaríamos de finalizar essa galeria de retratos descrevendo outros dois perfis. Em primeiro lugar, as "devotadas": essas são mulheres que demonstram uma atitude de devoção que, às vezes, chega ao ponto do sacrifício e da vitimização. Ouvir a si mesma é relegado a segundo plano; o medo de decepcionar se torna onipresente.

*Maïté, 35 anos, é um exemplo desse perfil que pode chegar ao ponto de se esquecer de si mesma: "Venho de uma família bastante tradicional, pois minha mãe não trabalhava fora e cuidava da casa, da minha irmã e de mim. Meu pai é de Toulouse e minha mãe nasceu no Vietnã. Ela veio para Paris para estudar arquitetura, onde conheceu seu pai, que era engenheiro. Quando minha irmã mais velha nasceu, ela parou de trabalhar. Minha infância foi muito tranquila, muito rotineira. Eu era uma menina bem-comportada, gostava muito de ler, especialmente histórias em quadrinhos. Meu pai estava sempre ausente e era bastante rígido. Lembro que eu não me sentia à vontade e não falava muito. Minha mãe era muito atenciosa e também nos ajudava nas lições de casa, com uma atenção especial aos deveres de matemática. Os castigos que nos eram aplicados certamente me ajudaram a tirar boas notas, porque repetir de ano não era uma opção. Por sorte, eu era muito boa na escola e depois de ter realizado um curso preparatório quase militar fui admitida em uma universidade prestigiosa para estudar engenharia. Eu estava familiarizada com esse ambiente altamente estruturado, mas nunca me perguntei o que eu queria fazer.*

*Entrei como consultora de estratégia em uma empresa importante, local em que conheci meu futuro marido. Após o nascimento de nosso primeiro filho, por incentivo da minha mãe, não voltei a trabalhar. Eu me sentia deslocada nessa passividade, nessa incapacidade de verbalizar o que eu realmente almejava. E percebo em retrospecto que o resto de minha vida foi apenas uma extensão desse modo de ser. Eu fui me adaptando sem poder dizer nada, sem poder dizer não às exigências dos outros, principalmente as do meu marido. Quando imigramos para Singapura, eu não me sentia muito confortável com minha dupla cultura e me concentrava inteiramente na criação dos meus filhos. Achava difícil me integrar com as outras mães e me escondi atrás de meu relacionamento e de minha família por muito tempo. Eu havia me tornado uma babá admirável. As palavras e a maneira como meu marido e meus filhos me tratavam como uma cidadã de segunda classe, invisível, a serviço deles, me faziam sofrer muito, mas eu não conseguia reivindicar meu lugar. Tinha mágoa e medo de não conseguir voltar a trabalhar, mas ao mesmo tempo me sentia incapaz de fazer isso. Minha autoconfiança estava destruída, se é que ela existia, e era como se eu esperasse que alguém me desse permissão para viver. Eu havia perdido minha voz e só estava seguindo em frente porque meu marido estava comandando o show. Na verdade, eu estava seguindo paralelamente a mim mesma, sem saber como tomar as rédeas do meu próprio destino, mas eu sentia uma raiva insípida dentro de mim. Durante meu terceiro parto, quase morri. Cheguei ao fundo do poço do pânico. Minha maneira de funcionar podia me matar. Eu precisava mudar.*

*O processo está sendo longo, muitas vezes me sinto culpada, mas as coisas já não são mais como eram antes. Seis meses após o nascimento do meu filho mais novo, comecei a fazer aulas de oratória e a cantar em um coral, o que me ajudou a recuperar minha voz, literalmente, para me fazer ouvir novamente. Mesmo que pareça besteira, é um verdadeiro estímulo à autoconfiança. Eu havia sido silenciada, e agora posso falar novamente. Embora uma nova mudança tenha nos levado à Tailândia, organizei workshops que ofereço a outras mulheres que são bastante tímidas como eu, para que possam encontrar sua voz novamente e cantar".*

A história de Maïté ilustra outro perfil da falta de autoconfiança: uma atitude que consiste em se conformar com o que ela acha que é esperado dela, que se permite ser sugada pelas expectativas dos outros, por medo de decepcionar. Por muito tempo, Maïté ficou presa ao olhar das pessoas, esquecendo-se de si mesma e perdendo a autoconfiança. Mas ela rompeu com esse padrão e assumiu o controle de sua vida, após um choque que paradoxalmente permitiu que ela se reconectasse consigo mesma e encontrasse o que queria. Ao começar a cantar, ela se afirmou, saiu de sua zona de conforto e parou de buscar aprovação.

A mulher devotada/sacrificada se exclui de seu possível destino, opta por permanecer em segundo plano, não por falta de capacidade, mas por causa de uma espécie de freio social, especialmente em determinados momentos. Esse foi o caso da romancista francesa Colette, que final do século XIX escreveu a série *Claudine*, mas quem assinou a obra inicialmente foi seu marido Willy.

No romance *L'épouse,*[9] Meg Wolitzer conta a história de uma mulher que deixa o marido roubar sua identidade como escritora e colher os frutos em seu lugar. Essa atitude de sacrifício pareceria improvável hoje em dia, porém, no inconsciente coletivo feminino está sempre mais ou menos subjacente a certos comportamentos, como não ousar pedir algo.

Carl Rogers disse o seguinte sobre a noção de "eu": "Não podemos mudar, não podemos deixar de lado o que somos, até aceitarmos o que somos".[10] A questão da aceitação é crucial, e o perfil da "falsa confiante" é uma boa ilustração dessa falta e da sombra lançada sobre a autoconsciência essencial para um sentimento de confiança e energia.

## A falsa confiante

Por trás de sua aparência radiante, a "falsa confiante" esconde um lado mais sombrio e uma falta fundamental de autoaceitação.

Ostentar confiança, mostrar ao mundo que ela pode fazer três vezes mais do que qualquer outra pessoa, exibir todos os indicadores de sucesso – no trabalho, na vida pessoal ou na aparência física – não significa necessariamente ter uma boa autoestima e uma autoconfiança intrínseca. Muitas vezes, essa autoimagem irresistível e inalterável é na verdade um escudo, uma cortina de fumaça que serve de proteção para um autoconceito frágil que não suporta a ideia de ser desmascarado e que se irrita muito rapidamente quando recebe críticas. O outro é tolerado desde que não questione a máscara de proteção contra dúvidas e medos. A pessoa se sente confiante quando se sente aprovada, quando percebe ter uma imagem positiva, num desejo insaciável de agradar e de ser aceita. É a falta de aprovação que é capaz de arruinar a sua confiança.

Essa falta de confiança escondida sob a máscara do excesso de confiança reflete uma falta de autoaceitação, porque a autoestima ainda depende muito de conquistas externas e não é considerada garantida, assim como ocorre com a perfeccionista. Também como no caso do perfeccionista, isso reflete uma dificuldade em aceitar a si mesma do jeito que se é. Precisamos ter uma visão mais gentil de nós mesmas e de nosso verdadeiro valor.

### UMA FALSA CONFIANTE NO CINEMA

No filme *Manhattan* (1979), de Woody Allen, a personagem Mary Wilkie, interpretada por Diane Keaton, é a ilustração perfeita da falsa confiante. Jornalista atormentada e arrogante, ela tagarela incessantemente sobre suas habilidades intelectuais, enchendo suas conversas de referências, citando Carl Jung, Norman Mailer e Scott Fitzgerald a todo momento, desafiando os pontos de vista dos outros personagens com pensamentos brilhantes..., mas não consegue avançar no relacionamento porque duvida muito de si mesma.

Trechos selecionados:

Ike: [superestimado], Bergman? Bergman é o único gênio do cinema atual, eu acho. Quero dizer... [...]

Mary: [...] É sombrio, meu Deus. Quero dizer, toda aquela coisa kierkegaardiana, não é? Muito adolescente, meio pessimista. Quero dizer, esse silêncio. O silêncio de Deus. [...]

Mary: Eu estava cansada de afogar minha identidade na dominação de um homem brilhante. Um gênio! [...]

Mary: Oh, o que é bonito, afinal? Odeio ser bonita. De qualquer forma, é tudo tão subjetivo!

Para cada um desses perfis, se quisermos separar o joio do trigo e desenvolver uma autoimagem menos dura, é necessário reavaliar as crenças tendenciosas e obsoletas. A compaixão também é um grande recurso, pois ela nos permite silenciar a autocrítica em relação aos erros e o medo do fracasso que nos tiranizam e perpetuam a síndrome da impostora.

Além disso, mesmo que as mulheres se enquadrem na categoria da independente ou da falsa confiante em algum momento, elas também podem ser "duras na queda", verdadeiras supermulheres. Em 25 de junho de 2019, a conceituada revista *Harvard Business Review* publicou os resultados de um estudo altamente polêmico: "As mulheres têm pontuação mais alta que os homens na maioria das habilidades de liderança".[11]

Esse mesmo estudo mostra que as mulheres se sentem inseguras no início da vida profissional, mas que isso vai melhorando por volta dos quarenta anos e elas se tornam seguras de si após os cinquenta. De certa forma, é um dado reconfortante e confirma que a autoconfiança se desenvolve com o tempo (falaremos mais sobre isso no Capítulo 4, página 107), conforme vamos adquirindo experiência no campo profissional. É quando estamos menos preocupadas com a forma como os outros nos veem. Percebemos que o tempo passa, que a vida é curta.

| AS MULHERES SÃO MELHORES DO QUE OS HOMENS NA MAIORIA DAS ÁREAS DE LIDERANÇA[12] | | |
|---|---|---|
| **Capacidades** | **% de mulheres** | **% de homens** |
| Iniciativa | 55,6 | 48,2 |
| Resiliência | 54,7 | 49,3 |
| Prática desenvolvimento pessoal | 54,8 | 49,6 |
| Ação orientada para resultados | 53,9 | 48,8 |
| Demonstra um alto grau de integridade e honestidade | 54,0 | 49,1 |
| Contribui para o desenvolvimento pessoal da equipe | 54,1 | 49,8 |
| Inspira e motiva os outros | 53,9 | 49,7 |
| Lidera de maneira ousada | 53,2 | 49,8 |
| Constrói vínculos | 53,2 | 49,9 |
| Defende e promove mudanças | 53,1 | 49,8 |
| Estabelece metas ambiciosas | 52,6 | 49,7 |
| Colabora em equipe | 52,6 | 50,2 |
| Se mostra aberta ao mundo exterior | 51,6 | 50,3 |
| Comunica-se de maneira eficiente e assertiva | 51,8 | 50,7 |
| Analisa dificuldades e resolve problemas | 51,5 | 50,4 |
| Lidera com rapidez | 51,5 | 50,5 |
| Promove inovação | 51,4 | 51 |
| Possui experiência técnica e profissional | 50,1 | 51,1 |
| Desenvolve ações estratégicas | 50,1 | 51,4 |

E, mesmo assim, apesar desses números, de acordo com o índice S&P (que tem como base quinhentas grandes empresas listadas na bolsa de valores dos Estados Unidos), apenas 4,9% dos Fortune CEO (*chief executive officer*, o que em português equivale ao cargo de direção executiva) são mulheres, e 2% dessas quinhentas empresas são dirigidas por mulheres.[13] Procure o erro.

### PARA NÃO ESQUECER: 5 CONSELHOS PARA COMBATER SENTIMENTOS DE IMPOSTORA, SEGUNDO JESSAMY HIBBERD[14]

1. Levar em conta a totalidade de quem somos, esse é o cerne de nosso trabalho.
2. Falar sobre sua falta de autoconfiança ajuda muito, pois tentar manter em segredo essa falta de autoconfiança gera vergonha.
3. Alimentamos a ideia de que precisamos ser imbatíveis, quando na verdade nossa vulnerabilidade pode ser atraente.
4. Com compaixão, percebemos que os erros são muito importantes para nos tornarmos resilientes, pois sobrevivemos aos nossos erros.
5. Uma voz crítica diria: "Nunca cometa erros ou você será o centro das atenções". Já uma voz compassiva diria: "Errar é humano, todo mundo comete erros".

Existe um famoso provérbio em latim que diz que errar é humano: *Errare humanum est*. A segunda parte da proposição é menos famosa, que diz que persistir no erro é diabólico: *Perseverare diabolicum*... Ser uma pessoa humana, perdoar e aprender com os próprios erros seria uma receita para a confiança.

# 4
# A autoconfiança é oscilante

*Ninguém nasce sob uma estrela ruim,*
*o que existe são pessoas que não sabem ler o céu.*

(Dalai Lama)

A autoconfiança é um conceito fluido e dinâmico. No decorrer de nossas experiências, ela pode ser fortalecida ou abalada, especialmente se na infância tivermos passado por humilhações ou outros sofrimentos, conforme discutimos nos Capítulos 1 e 2. Essas feridas do passado podem acentuar eventos negativos e nos prender em uma espiral de autodepreciação, em um sentimento de fracasso e vergonha.

Podemos conhecer pessoas que deixarão nossa autoconfiança minada ou outras que, pelo contrário, irão nos estimular. Nada é imutável. Apesar de uma infância difícil ou até mesmo horrível, podemos nos reconstruir e superar nosso passado por meio de um processo de resiliência agora já bem conhecido.

Exemplos não faltam. É o caso de Albert Camus, que nunca conheceu seu pai, falecido na Primeira Guerra Mundial. Camus cresceu na pobreza em Argel, com uma mãe surda e analfabeta, e uma avó violenta. No entanto, ele teve a sorte de encontrar um professor que acreditou nele e o ensinou a acreditar em si mesmo, um verdadeiro "exemplo de resiliência", como define o psiquiatra Boris Cyrulnik. Quando Camus recebeu o Prêmio Nobel de Literatura, em 1957, ele enviou uma carta a esse tutor, dizendo o seguinte:

> Prezado Sr. Germain, [...].
>
> Acabo de receber uma honraria muito importante, que não procurei nem solicitei. Mas quando recebi a notícia, meu primeiro pensamento, depois de minha mãe, foi para o senhor. Sem o senhor, sem a mão afetuosa que o senhor estendeu àquela pobre criança que eu era, sem seus ensinamentos e sem seu exemplo, nada disso teria acontecido.

Do lado dos exemplos das mulheres, quem poderia imaginar que Gabrielle Chanel, mais conhecida como Coco Chanel, construiria um império depois de ter vivido uma infância miserável? Seu pai era um mercador ambulante itinerante e sua mãe era costureira. Quando Gabrielle tinha apenas 12 anos, ela e seus outros quatro irmãos mais novos perderam a mãe, que sucumbiu à tuberculose e à exaustão. O pai, que sempre culpou os filhos por arruinarem sua vida, entregou Gabrielle e duas irmãs para serem criadas por uma tia (em um convento, reza a lenda). Ainda jovem, Gabrielle aprendeu a costurar com as freiras. Seguiu-se uma longa e incrível ascensão à profissão de chapeleira, depois ela abriu um salão, uma butique e, por fim, tornou-se a criadora de um novo estilo e o nome de uma das mais importantes marcas de sua época. E, no entanto, se há uma provação difícil na vida, essa provação é o abandono: como se sentir amado, como ter autoconfiança quando os fatos parecem lhe dizer que você não merece ser cuidada?

Embora a autoconfiança não possa ser definitiva e totalmente inexistente, é importante lembrar que ela não pode ser absoluta e abranger todos os aspectos da vida. Você pode ser a Serena Williams da liderança, mas péssima em organização. O mais importante é não se iludir e nem idealizar a perfeição, mas se concentrar em conhecer seus pontos fortes e fracos, mantendo-se flexível o suficiente para absorver os desafios da vida.

## A vida não é como um rio de águas sempre calmas

A autoconfiança pode variar. Às vezes, enfrentamos tempestades que minam nossa autoconfiança, enfraquecem nossa força de vontade e travam nossas ações. Em outras ocasiões, vivemos nos sentindo bem, a postos, com plena posse de nossas habilidades. Os obstáculos são mais ou menos significativos, mas a questão é que não existe uma sensação permanente de bem-estar. O sentimento de autoconfiança, por mais sólido que seja, depende de fatores externos e não é, portanto, constante. Mudanças na vida, no trabalho ou na família, acidentes, promoções, desemprego ou até mesmo a perda de um ente querido, tudo isso tem um efeito direto ou indireto sobre o conceito de "eu", sobre a nossa necessidade de reconhecimento, dependendo do fato de nos sentirmos valorizados ou desvalorizados. Além disso, se partirmos do princípio de que seguir em frente na vida é importante, temos de saber como sair de nossa zona de conforto e aprender a correr riscos. A autoconfiança não significa nunca cometer erros, mas aceitá-los e entender o que podemos aprender com eles.

> Quanto mais cedo você entender que tudo muda, que as coisas que acontecem com você não te definem, que tudo será diferente o tempo todo e que você não tem tanto controle sobre o futuro, melhor você aprenderá a viver o presente. Encontre sua âncora e esteja aberto para o que vier a seguir.[1]
>
> Amy Poehler, atriz, comediante e roteirista americana.

Certos acontecimentos afetam nossa vida e nos tornam vulneráveis, como um divórcio, a perda de um ente querido ou uma doença. O acúmulo de "acidentes da vida" pode minar sua autoconfiança e fazer com que você se dê por vencida. Temos medo de cometer os mesmos erros novamente, de nos depararmos com novos sofrimentos e novos fracassos.

### *Divórcio: da perda de vínculos ao trauma*

"Nenhum contratempo comum, como doença, dificuldade financeira ou profissional, afeta a vida de uma pessoa de maneira mais cruel do que um divórcio, que age como gatilho para angústia. É a ferida mais profunda que a vida nos inflige", diz Botho Strauss, dramaturgo alemão. A história a seguir nos mostra o quanto essa questão pode afetar a autoconfiança.

Alice é uma mulher linda na faixa dos 50 anos. Sorridente e enérgica, com olhos azuis e profundos, ela parece confiante e empática ao mesmo tempo. Será que ela tem autoconfiança?

*"Hoje, sim. Mas nem sempre foi desse jeito. Há mais ou menos vinte anos, me separei. Antes do divórcio, eu possuía uma autoconfiança relativamente alta. Em primeiro lugar, eu era casada, algo que era muito importante para mim. Tínhamos dois filhos pequenos. O trabalho era a única parte negativa, pois devido às exigências profissionais de meu marido, precisei abrir mão de meu emprego na área da publicidade, mas achava que seria um movimento temporário. Ser apenas mãe e dona de casa não era suficiente pra mim, comecei a me sentir cada vez mais insegura, e o divórcio coroou a situação. A ideia de estar definitivamente divorciada me destruiu completamente, e eu me senti sem chão. Eu possuía uma autoconfiança intelectual e física, conhecia minhas habilidades, mas para as outras áreas da vida, eu era basicamente fracasso e vergonha. É claro que, mais tarde outros amigos se divorciaram, mas eu fui a primeira, a mais jovem, e tudo isso foi insuportável."*

Alice conta como o fato de estar sozinha e se sentir diferente gerou um sentimento de vergonha que destruiu sua autoconfiança.

*"Durante um ano, estive em um estado que beirava a depressão. Totalmente desprovida de autoconfiança, eu questionava tudo o que fazia. Não conseguia me imaginar saindo para jantar com os amigos, pois eu me considerava pior que eles por estar divorciada – era um sentimento mais forte que eu. Era como se parte de mim tivesse sido amputada, diminuída. Eu sentia vergonha de estar solteira: todas as minhas amigas eram casadas, todas as outras mães da escola dos meus filhos também, e eu não era como elas. Com 35 anos, me sentia jovem demais para estar sozinha. Quando alguém perguntava o que*

*eu fazia da vida, e eu não sabia o que responder. Sentia que todas as respostas eram dolorosas e contagiosas: divorciada com dois filhos, desempregada, sem perspectivas. Eu me sentia rejeitada. Foi tão difícil que decidi deixar Paris e me mudar para Barcelona, dizendo a mim mesma que eu precisava me reinventar, me revigorar, recomeçar com uma página em branco da minha vida. Eu havia passado parte da minha infância na Espanha, com pais amorosos, e falava espanhol fluentemente."*

Se a autoconfiança pode ser perdida, ela também pode ser recuperada. Ao preço de trabalhar em si mesmo, de mudar de vida. Trata-se de uma espécie de luto, porque é de fato um luto do relacionamento que está em jogo, como Alice conta com grande lucidez.

*"O divórcio me fez sofrer muito e, como eu me interessava pelas raízes do sofrimento humano, decidi voltar a estudar psicologia. Naquela época, eu queria ser terapeuta de casais e fazer workshops de apoio. Havia feridas para curar, e estudar psicologia me fez muito bem, pois me deu muita autoconfiança, me salvou. Eu tinha um emprego, uma ocupação, um motivo para me levantar de manhã... Ter um emprego significava existir socialmente. Finalmente me livrei do sentimento de fracasso e da vergonha. Agora entendo a complexidade e o trauma do divórcio. Não se fala muito sobre isso, mas é um trauma que afeta muito a autoconfiança e a autoestima: você se sente rejeitada, indesejada. É um luto pelo relacionamento, um luto pela vida com a qual você sonhou. Para reconstruir a confiança, você precisa olhar para tudo o que conquistou, tudo o que fez para sobreviver. É preciso recorrer a outras pessoas, não hesitar em pedir ajuda, sair para jantar, conhecer gente nova, praticar esportes, reconectar-se com seu corpo: isso faz com que você se sinta fisicamente mais forte, produza endorfina, serotonina, dopamina, todas as substâncias da felicidade! É importante formar novos valores, o que não significa negar tudo, mas fazer um balanço do que é importante a se reprojetar, porque a vida é feita de incidentes ao longo do caminho e você tem de estar em ação. Comecei a correr regularmente e me especializei em psiquiatria. E então, cuidando do bem-estar de nossos filhos, apesar de não termos*

*tido sucesso em nosso relacionamento, meu ex-marido e eu conseguimos ter sucesso em nossa vida após o divórcio."*

O fato de deixar de ser importante aos olhos de uma pessoa pode ser vivenciado como uma morte psicológica. Alice é uma dessas pessoas. Longe de sentir alívio, ela passou por momentos difíceis com a separação definitiva, que em muitos aspectos se assemelhava à morte, apesar de ela ter um alto nível de autoconfiança. Quando o olhar da outra pessoa muda e ela se torna indiferente, isso nos leva à desorientação e ao isolamento extremo. Nós nos tornamos invisíveis. A imprecisão e a confusão dominam nossas convicções, prejudicam nossa autoimagem e nos induzem a uma falta de controle. Alice se sentia reduzida a essa definição de "mulher divorciada".

A autoconfiança não combina muito bem com a sensação de não pertencimento ao grupo dominante: é quando a mulher é jovem demais para se divorciar, mas não velha o suficiente para não ficar preocupada, deslocada e sozinha, acabando com toda a esperança de ser bem-sucedida ou eficaz em qualquer coisa. Um modelo de pais amorosos dará força e confiança para Alice reconstruir sua vida; no fundo, ela conhece seu valor. Quando ela venceu a barreira das distâncias geográfica e emocional, foi possível se reconectar com seus desejos, reformular novas aspirações e se redefinir fora do olhar dos outros. Ela foi capaz de aceitar o fato de que o objeto que ela tanto amava não era "tudo". Munida dessa nova maturidade, Alice pôde começar a confiar novamente nos outros, na vida e em si mesma.

Embora Alice tenha precisado de tempo e coragem para reconstruir sua vida, para outras mulheres o divórcio é uma oportunidade única de desenvolver a autoconfiança. Ao se valerem de capacidades até então desconhecidas, elas percebem que podem se virar sozinhas, e isso lhes dá uma sensação de liberdade e alegria.

### O luto

A perda de um ente querido, especialmente se for repentina, pode abalar seriamente a autoconfiança. O luto pode ser uma experiência devastadora. Sheryl Sandberg, que foi CEO do Facebook, tinha uma vida dos sonhos, um marido amoroso e dois filhos. Seu livro *Faça acontecer: mulheres, trabalho e a vontade de liderar*[2] narrava seu modelo de sucesso profissional. Quando seu marido, então com 47 anos, morreu repentinamente, ela se viu confrontada com um luto que a fez perder sua autoconfiança: "Sua tendência a pedir desculpas foi o sintoma de uma perda inesperada. Sandberg havia perdido completamente a confiança em si mesma e entrou em colapso em todas as áreas", afirmou o psicólogo e seu coautor,[3] Adam Grant. "Eu não achava que poderia ser uma boa amiga ou que conseguiria fazer meu trabalho... Isso me fez lembrar de como um dia, no meu bairro, vi uma casa que havia levado vários anos para ser construída desabar em poucos minutos... Bum, no chão."[4]

Um mês após a morte de seu marido, ela escreveu uma longa publicação no Facebook sobre sua dor, sobre as reações das pessoas ao seu redor e as maneiras que havia encontrado para lidar com isso. O texto lhe rendeu quase 650 mil curtidas, 45 mil comentários e 275 mil compartilhamentos. O acontecimento não passou despercebido e preencheu um vazio nela.

Consciente da dor de outras mulheres na mesma situação, Sandberg compartilhou sua experiência de luto e sua abordagem à resiliência, escrevendo com Adam Grant o livro *Plano B : como encarar adversidades, desenvolver resiliência e encontrar felicidade*.[5] Um verdadeiro tratado sobre o luto e uma ode à vida.

Foi a experiência de solidariedade e o trabalho da escrita que lhe permitiram reconstruir sua confiança.

### *A doença*

A doença também pode abalar nossa autoconfiança. As mudanças em nossa aparência física e a perda de controle sobre nosso corpo são golpes no ego. Mas nossa relação com a doença e nossa vitória sobre ela podem restaurar e fortalecer nossa confiança. Veremos agora a história de Henriette, 42 anos, e com uma mente inabalável.

*"Meus pais têm personalidades muito fortes. Na cultura do meu pai, os meninos podem sair, as meninas não: meu irmão tinha toda a liberdade,*

*enquanto eu era proibida de tudo. Minha mãe era protetora, mas não carinhosa: ela sequer me abraçava. Eu era próxima a ela, confiava nela, mas ela era uma pessoa colérica. Meus pais brigavam o tempo todo. Eu me senti a vida inteira intimidada pelo meu pai, não apenas por causa de sua personalidade forte, mas também devido ao seu físico imponente. Quando era criança, os professores não gostavam muito de mim, achavam que eu era muito quieta, muito tímida. Então, eu passei a infância estudando ou na cozinha preparando bolos, porque esse era o lugar de uma mulher. Minha mãe não achava certo elogiar seus filhos. Ela nunca me disse: 'Você é linda' ou 'Você é inteligente', mas eu gostaria de ter ouvido, mesmo que não fosse verdade. Eu tinha que ser humilde, modesta e, acima de tudo, nunca me colocar à frente de nada. É por isso que sempre fui modesta. Como resultado, fiquei completamente isolada. Eu mal sabia o que era um homem. Com meu primeiro namorado, nada aconteceu, porque eu não sabia o que fazer. Eu me sentia muito sozinha, mesmo na época da faculdade, e provavelmente por isso eu era sempre a primeira colocada em tudo: estudar era tudo o que me restava, pois ainda não tinha permissão para sair. Ser reconhecida na faculdade por meus bons resultados me deu um pouco de autoconfiança e também me ajudou a encontrar a motivação e a força para continuar meus estudos."*

Desde a infância, a pressão familiar de ficar em segundo plano diferenciava Henriette. O sentimento de exclusão foi se instaurando e progressivamente ela foi se afundando no isolamento. Foi em seu relacionamento com o mundo exterior que Henriette adquiriu um pouco de autoconfiança, assim que alçou voo.

*"Aos 23 anos, comecei a trabalhar como professora de inglês, livre do controle dos meus pais. Recebia o apoio de meus alunos e de minha diretora. Foi uma revelação! Foi também quando conheci Mathieu, que era ator e melhorou muito minha autoconfiança, pois eu me sentia lisonjeada em ter um namorado bonito. Com 28 anos, conheci o Douglas e nos casamos. Éramos jovens e estávamos apaixonados, mas nosso relacionamento se desintegrou rapidamente. Seus planos não me levavam em consideração. Deixei a cidade de*

*Fontainebleau, onde me sentia realizada em meu trabalho, porque a carreira dele era mais importante do que a minha, e fomos morar em Paris. Devido às exaustivas horas de deslocamento, eu simplesmente não conseguia engravidar, enquanto todas as minhas amigas estavam tendo filhos. Eu me sentia um lixo e ao mesmo tempo sortuda por ter um marido que aguentava uma mulher que sequer era capaz de lhe dar filhos... Fiz todo tipo de tratamento, sem sucesso. Algum tempo depois, consegui um emprego em Paris e... engravidei! Fiquei muito feliz. Uma segunda gravidez veio logo em seguida e ficamos muito realizados. Nesse momento, Douglas recebeu uma oferta de emprego na Inglaterra, o que não me agradou muito, mas depois de um ano de idas e vindas, decidi ir morar com ele. Assim que cheguei a Londres, engravidei pela terceira vez e tive uma menina que sofria de uma doença rara, e isso me fez sentir muito culpada e abalou minha autoconfiança."*

Infelizmente, seu papel de esposa deteriorou sua autoconfiança ao refletir uma imagem distorcida dela. Sua fragilidade interior era evidente, pois as críticas constantes a fizeram ir perdendo confiança e permitindo que a dúvida se instalasse, prejudicando a imagem que ela possuía de si mesma. O fato de ela se sentir diferente das outras mães reforçou a percepção de inadequação, principalmente devido à doença rara da filha, pela qual Henriette se culpava com muita crueldade.

*"Pouco a pouco, consegui reconstruir minha vida, comecei a estudar nutrição e logo montei meu próprio consultório: tudo decolou muito rápido! Recuperei minha autoconfiança, mas infelizmente Douglas não suportava meu sucesso. Ele se tornou distante, cada vez mais desdenhoso, tecendo comentários inconvenientes. Foi quando, durante um check-up de rotina, fui diagnosticada com câncer de mama. Chocada com a notícia, fui para casa chorando, com medo de ter de retirar meio seio, com medo de não ser mais feminina. Meu marido não se comoveu muito com a notícia e achou minha angústia inútil. Felizmente, não retiraram minha mama na cirurgia, mas precisei fazer radioterapia, o que me deixou toda queimada, mas no final fiquei orgulhosa de ter superado o problema. Três meses depois, descobriram que eu*

*também tinha câncer de cólon. Entrei colapso, chorei muito e, quando contei ao meu marido, a única coisa que ele me disse foi: 'Você é um produto defeituoso! Não quero um produto defeituoso na minha casa!', e me expulsou."*

As comparações com os outros geram um impacto negativo sobre o valor que atribuímos a nós mesmas. Apesar de tudo, Henriette seguiu em frente. Quando ficou doente, seu corpo a traiu, o que pesou muito na sua autoconfiança. Quando nos sentimos bem e fortes, queremos enfrentar o mundo, mas quando nos sentimos fracas e diminuídas, nossa confiança cai por terra. O câncer de mama é uma doença que fere diretamente a representação feminina, e perder esse traço do que se entende por ser mulher gera uma angústia que pode progredir para a depressão. Mas foi no olho do furacão que Henriette lutou e construiu a autoconfiança que ela agora descreve como "quase invencível". Ela conseguiu expressar suas necessidades, ser ouvida e apoiada, passando do autojulgamento para a autoaceitação. Essa provação revelou sua verdadeira força e sua verdadeira beleza.

*"Com a ajuda de uma amiga, encontrei um apartamento para morar, e isso salvou minha vida. Viver com meus filhos sem o Douglas foi um alívio. Minha doença virou toda a minha família de cabeça para baixo: meus pais sentiram que eu precisava deles perto de mim, então vieram me apoiar. Toda a distância entre nós, que provavelmente se originava de uma certa timidez da parte deles, desapareceu. Meu pai passou a conversar comigo todos os dias. Eu me sentia valorizada. Percebi que ele me amava do jeito dele, assim como minha mãe. Perdi muito peso, perdi meus cílios, minhas sobrancelhas, meu cabelo, mas não perdi minhas amigas. Uma delas tinha acabado de se casar e, ainda assim, reservou um tempo para me levar e me buscar no hospital. A provação do câncer foi longa, com quinze sessões de quimioterapia. Mas a gente dá um passo de cada vez e consegue superar. Fisicamente, é normal perder a autoconfiança. Minha mãe me ajudou muito, me levou ao cabeleireiro quando meu cabelo voltou a crescer, comprou maquiagem, sapatos bonitos e um belo maiô que escondia minha cicatriz. Para preservar*

*minha autoconfiança, eu também evitava falar sobre a doença para muitas pessoas, porque a maioria delas não sabia o que dizer. Tentei ir levando a vida com normalidade, caso contrário me sentiria muito diferente, e assim fui recuperando minhas forças. Devo toda a minha confiança atual a esse câncer, porque eu o superei, eu sobrevivi, e também de devo aos horrores que o Douglas proferiu. Agora estou em remissão, me sinto profissionalmente realizada, aprendi a controlar o medo de uma recidiva porque o medo não ajuda em nada. Hoje me sinto quase invencível. Essa experiência permitiu que eu me conhecesse melhor, que eu me redescobrisse, que eu descobrisse minha força e pudesse transmiti-la aos outros. Eu me aceito como sou, gorda ou magra. Ainda tenho as mesmas amigas leais, e uma confiança radiante. O que atrai as pessoas não é um vestido bonito, mas a energia, o bom humor. William, meu melhor amigo, sempre me diz que sou uma pessoa extraordinária, e eu passei a acreditar nele."*

Alguns desafios da vida afetam nossa autoconfiança, e outros também nos colocam à prova: Henriette se reconstruiu contra todas as probabilidades e desenvolveu uma sólida autoconfiança depois de passar por dois cânceres e uma separação.

## A TIRANIA DAS CONTRADIÇÕES, DE NOVO!

Você tem de ser única, mas sem deixar de caber em uma caixinha. Caiba dentro de uma caixinha, mas seja original. Seja original, mas não esquisita. Mantenha sempre uma boa aparência, mas sem ser um objeto sexual. Seja sedutora, mas seja discreta. Não se castre, mas não seja submissa. Não seja vagabunda, mas tenha uma performance de uma estrela pornô. Uma freira multiorgásmica. Seja engraçada, mas não uma palhaça. Use maquiagem, mas não deixe parecer que está maquiada. Delicada, mas sofisticada. Natural, mas sexy. Exuberante, mas toda depilada. Madura, mas ainda jovem. Jovem, mas não infantil. Magra, mas com seios. Boa de garfo, mas sem sair da dieta. Confortável e ávida. Tenha caráter, mas ah, cuidado, sem ser demais, do contrário você será uma histérica. Não seja desesperada pra formar uma família a qualquer preço, mas queira formar uma de qualquer maneira. Trabalhe quarenta horas por semana, mas prepare refeições orgânicas. Seja uma boa mãe, mas não permita que você se perca de si mesma. Perder-se é ruim. Mas ser uma mãe ruim também é. Vinte minutos de ioga por dia, mas sempre, sempre dando conta de tudo. É claro que isso não deixa muito espaço para revolucionar o mundo..."[6]

## *O peso da calúnia*

É difícil subestimar as pequenas cobranças diárias, os comentários maldosos, os pequenos tropeços na autoconfiança de uma mulher, tudo causado quase sem pensar. Quando as mulheres decidem enfrentar tudo isso, são muitas vezes julgadas negativamente em relação à sua atitude ou às suas escolhas de vida. É muito confuso.

*Élodie tem 28 anos, é programadora de software e quase perdeu a autoconfiança e a serenidade: "Quando quis voltar a trabalhar três meses depois do nascimento de nosso filho, meu marido ficou furioso: 'Ele é tão pequeno, não colocamos uma criança no mundo para ser criada por uma babá!'. Concordei, pedi demissão e me dediquei a criar nosso filho. Seis meses depois, a opinião dele mudou completamente: 'Você deveria procurar um emprego, é deprimente te ver como uma dona de casa! Agora você é apenas uma mãe, não está nada sexy'. 'Sabe o que vai ser sexy, meu amor? A guarda compartilhada, se você continuar falando comigo desse jeito!' Ele ficou quieto e seis meses mais tarde acabei encontrando um novo trabalho, porque EU queria. É de enlouquecer!"*

Diante de tanta confusão, não é de surpreender que as mulheres se sintam enfraquecidas e que a confiança oscile. É o caso no mundo do esporte, no qual às vezes se aplica a regra de "dois pesos, duas medidas". É pouco provável que uma atleta seja perdoada por um deslize moral, e ainda menos provável que seja compreendida. Recuperar-se de uma calúnia é quase impossível para uma mulher.

Basta olhar para o retorno triunfante de Tiger Woods. Será que o mesmo aconteceria se uma esportista tivesse traído seu marido com outros homens?

> Entre as poucas figuras femininas cultuadas, os patrocinadores e os fãs esperam que elas sejam perfeitas – ou pelo menos discretas... O comportamento moral das mulheres tem uma profunda influência sobre a percepção de seu sucesso profissional. Suzy Favor Hamilton,[7] ex-atleta campeã com mais de nove títulos pela National Collegiate Athletic Association[8] teve sua carreira jogada na lama depois de ser flagrada como acompanhante. [...] As mulheres literalmente não têm o luxo de cometer os erros que vemos nas longas carreiras dos atletas do sexo masculino...[9]

Suzy Favor Hamilton estava lutando contra o transtorno bipolar e não conseguiu recuperar sua imagem pública.

## Maternidade e autoconfiança oscilante

Um dos fatores que contribuem para a faltą de autoconfiança das mulheres é a culpa. Trata-se de um sentimento muito comum em determinadas situações, principalmente na experiência da maternidade.

### *O veneno da culpa*

Qual a melhor maneira de lidar com esse sentimento tóxico? É Armelle Carminati, da Medef – a maior federação de empresarial da França –, quem dá o conselho às líderes femininas: "Meninas, deixem de lado a culpa de ser mãe. Nenhum homem vai para o escritório pensando: "As crianças comeram direito? Elas estarão na cama às 20h30? Será que eles vão ficar chateadas se eu chegar tarde em casa?".[10]

São excelentes conselhos, sem dúvida, muito racionais. No entanto, é difícil para as mulheres que trabalham fora, que muitas vezes não têm dúvidas sobre si ou falta de autoconfiança, não ceder à culpa.

*Shanti tem 27 anos e é uma mulher feliz. Ela tem um marido trabalhador e dois filhos adoráveis, mas quando deixa as crianças na casa da avó pela manhã para ir trabalhar, ela perde toda a sua confiança. "No fim de semana, nós quatro ficamos juntos. Fazemos muitas coisas, passeamos, desenhamos e cozinhamos. Mas eu trabalho como babá e cuido de duas meninas de segunda a sexta. Elas são muito fofas, sempre gostei de crianças. De manhã, me faço mil perguntas e me sinto culpada. É certo deixar meus próprios filhos para cuidar dos filhos de outra pessoa? Será que mais tarde eles não vão guardar rancores e me culpar? Felizmente, meu marido me tranquiliza e, com o passar da semana, vou recuperando minha confiança. Repito pra mim mesma que a culpa é o destino de todas, seja qual for seu trabalho."*

***

*Chiara Ferragni, blogueira e estilista italiana, é uma influenciadora,*[11] *com quase trinta milhões seguidores no Instagram. Ela dirige sua própria marca, é o rosto de outras marcas, participa de programas de TV e passa a vida viajando, desde semanas de moda a eventos sociais, em locais glamorosos e paradisíacos. Chiara é casada e mãe de um menino e uma menina. Em 3 de junho de 2019, durante uma viagem de Los Angeles a Roma, ela escreveu no Instagram um texto que se contrapunha à sua imagem de supermulher:*

*"Eu me sinto inundada de alegria e de orgulho por tudo o que conquistei ultimamente. No início de minha carreira, mesmo em meus sonhos mais loucos, tudo isso parecia impossível, e me sinto muito feliz. Mas ainda há momentos em que sinto não ser a melhor mãe ou a melhor esposa, porque meu trabalho muitas vezes me afasta da minha família. Sei que não gostaria de ser uma mãe que só fica em casa (é o trabalho mais difícil do mundo), e também não poderia desistir de uma carreira que me torna uma mulher realizada. [...] Passaremos por alterações de humor e momentos estranhos. [...] Este é um lembrete para mim e para você: seja gentil consigo mesma e continue se lembrando de como você é extraordinária. Por todos os erros que você cometeu ao longo do caminho, perdoe-se!"*

### *A ambivalência das jovens mães*

Estamos vivendo um momento de mudanças, em que os papéis de gênero estão sendo redefinidos. E, mesmo assim, algumas mulheres ainda se apegam a uma visão arcaica do papel de mãe: elas adotam certas crenças segundo as quais as mães são as únicas responsáveis pela criação dos filhos. Como podemos seguir em frente e ganhar confiança com esses preconceitos?

*Anaïs, de 30 anos, parece não conseguir dar espaço ao marido e acha difícil perceber isso. "Sou jornalista autônoma e tenho a sorte de poder trabalhar de casa. Mas toda vez que preciso sair para um compromisso, minha filha Sacha, de dois anos, grita e chora por horas. Ela não suporta ficar longe de mim, mas quando o pai sai de casa ela não faz nenhum escândalo. Não sei mais como lidar com isso, meus vizinhos estão começando a ficar hostis e eu passo o tempo todo me sentindo culpada. Ao mesmo tempo, adoro a relação de proximidade que tenho com ela."*

Após conversar um pouco mais, ficamos sabendo que Anaïs quer dar conta de tudo o que diz respeito à filha. Ela é a única responsável que lhe dá banho, que a alimenta, que lê livros para a criança dormir e que frequentemente a leva para passear. Qualquer tentativa de envolvimento de seu marido é desencorajada por ela, o que o fez acabar desistindo. Anaïs não permite que ele assuma seu papel de pai e o exclui dessa relação estreita com a menina. Como pode esperar que Sacha aceite qualquer tipo de distância? Anaïs se sente culpada por deixar sua filha com o pai ou com uma babá, mas sequer questiona o porquê. Portanto, o trabalho de resolver os escândalos da criança será feito com a mãe.

### *O lugar do pai*

Esther Perel é uma escritora e palestrante belgo-americana, e uma das mais renomadas psicoterapeutas de casais do mundo, especialmente graças a seus livros *A inteligência erótica*[12] e *Casos e casos: repensando a infidelidade.*[13] Seu mantra é que a qualidade de nossos relacionamentos determina a qualidade de nossas vidas. Para ela, se o século XX levou as mulheres a refletirem sobre sua condição, o século XXI será de reflexão e adaptação por parte dos homens. Ela acredita que o homem de hoje não está mais aqui para exercer autoridade ou ser provedor da família.

> O homem também pode ser um ser emocional. Os papéis estão sendo redefinidos, e isso é particularmente perturbador para as mulheres, que sempre acreditaram que seriam a maior referência para seus filhos e para a família. Sempre acreditaram que não tinham poder público, mas todo o poder privado. Hoje, essas mesmas mulheres estão reivindicando o poder público, mas nem sempre estão preparadas para abrir mão do poder privado. Elas querem que os homens sejam mais vulneráveis, mas não vulneráveis demais. Porque, se eles tiverem medo de falhar, se eles chorarem, elas também terão medo de que eles falhem. E, se isso acontecer, eles se tornarão uma criança para elas, e elas já têm seus filhos![14]

Deixar que o pai assuma seu lugar significa equilibrar a família. Enquanto ele estiver cuidando da criança, não se sinta culpada e aproveite esse tempo para si mesma.

A culpa pode afetar a autoconfiança, e a redistribuição de papéis pode fazer você se sentir mais vulnerável: todas essas são áreas indefinidas que podem ser esclarecidas se você começar a refletir sobre si mesma, sobre o que realmente quer e sobre sua determinação em superar seus fracassos. Nesse sentido, a autocompreensão é uma dinâmica, um processo que ilumina o desconhecido e que revela nosso potencial. Nada é fixo. Dar-se conta disso nos dá esperança.

Como se todas essas oscilações na autoconfiança não fossem suficientes, ainda temos o recorde absoluto de dúvida interior, e sem precisar de ninguém. Em um editorial da revista *Elle*,[15] a jornalista Erin Doherty resumiu o fenômeno da seguinte maneira: "Quem nunca praticou esse assombroso monólogo interior que nos leva a nos preocupar com o que os outros pensam de nós? Ou a antecipar o que eles pensam? As mulheres são as campeãs desse reflexo paranoico. Sem querer estigmatizar o gênero, é claro. 'O que eu disse na reunião hoje de manhã não foi uma vergonha?' [...]."

## A autoconfiança vem com a idade

Ao ganharem autoconfiança, ao saberem o que querem e o que não querem mais, as mulheres redescobrem o desejo de liberdade. Seria por isso que a taxa de divórcio após mais de 35 anos de casamento aumentou nove vezes nos últimos quarenta anos? Seria por isso que o número de separações entre as pessoas com mais de 60 anos dobrou nos últimos dez anos? Em 2015, mais de 24 mil homens e mulheres com 60 anos ou mais se divorciaram, em comparação com mais de quinze mil de dez anos antes. Em 60% dos casos, foram as mulheres que iniciaram a separação.[16]

De acordo com um artigo publicado no *Psychological Bulletin*,[17] é aos 60 anos que nos sentimos mais confiantes. Os filhos já estão criados, as perspectivas com a vida em casal já foram redefinidas, já temos um bom autoconhecimento... São motivos para que nos sintamos mais tranquilas e confiantes, especialmente porque aos 60 anos começamos (já estava na hora!) a rir da maneira como os outros nos olham, já aprendemos lições com a vida e queremos aproveitá-las ao máximo. Nessa idade nos permitimos coisas novas porque sabemos o valor delas, lemos mais livros e sabemos que o tempo voa. Precisamos aproveitar ao máximo essa década porque, de acordo com o mesmo estudo, essa autoconfiança começa a diminuir assim que chegamos aos 70 anos, e ainda mais nas duas décadas seguintes...

O gráfico a seguir mostra um fenômeno surpreendente. Enquanto a autoconfiança das mulheres cresce com o tempo, acontece o oposto com os homens:

**Confiança de acordo com gênero e idade**[18]

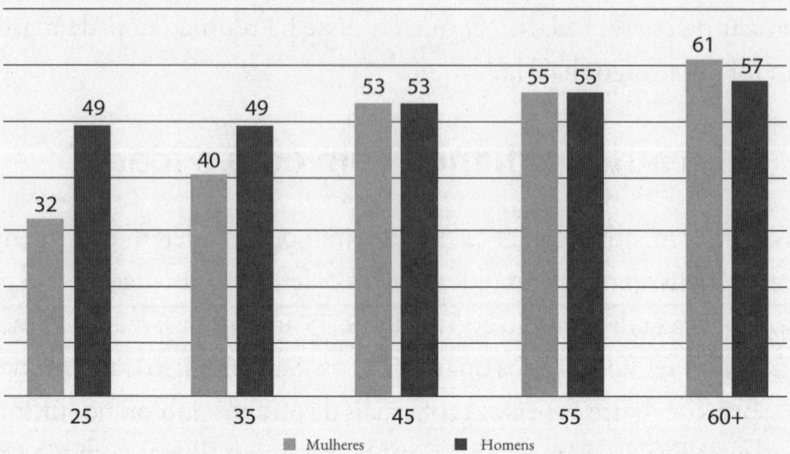


Ou seja, envelhecer pode ser libertador. Apesar disso, não fique esperando pela sabedoria do tempo, tenha consciência de seu próprio valor e mantenha sua postura ereta. Um estudo realizado em 2009 pela Universidade de Ohio apontou que uma boa postura tem um claro impacto em seus pensamentos e em sua confiança. Mantenha a postura ereta e lembre-se destas dicas...

## LEMBRETE: 9 DICAS PRÁTICAS PARA LIDAR COM AS OSCILAÇÕES NA SUA AUTOCONFIANÇA

1. Crie pequenos desafios para si mesma, como praticar um novo esporte. É um começo, e isso a ajudará a ter uma sensação de satisfação e a estabelecer uma imagem mais positiva sobre você.
2. Faça um balanço de suas habilidades e talentos para se reposicionar e recriar um senso de segurança interior.
3. Se estiver em processo de divórcio, assista ao clássico *O clube das desquitadas*, de Hugh Wilson.
4. Cerque-se de amigas e de pessoas atenciosas que te conheçam.
5. Ouça várias vezes a música "Palladium", da cantora Brigitte.

6. Leia *Plano B: como encarar adversidades, desenvolver resiliência e encontrar felicidade*, de Sheryl Sandberg e Adam Grant.
7. Leia *Une joie féroce* ("Uma alegria feroz", em tradução livre), de Sorj Chalandon.
8. Mergulhe na psicologia positiva fazendo o teste o "Inventário de Forças de Caráter",[19] dos psicólogos Martin Seligman e Christopher Peterson: identificar esses pontos fortes e cultivá-los ajudará você a se recuperar mais facilmente.
9. Coloque frases inspiradoras na parede: "Perder uma batalha não é o mesmo que perder a guerra!", ou "O melhor ainda está por vir!".

# 5

# O olhar dos outros e o olhar sobre si

*Não precisa ter pressa.*
*Não há necessidade de brilhar.*
*Não precisa ser ninguém além de si mesma.*

(Virginia Woolf)

Em algumas culturas, o olhar dos outros pode ser fatal, como acontece no Japão, onde questões de honra são inerentes à sociedade. Todos os anos, cem mil pessoas desaparecem, como se evaporassem para não enfrentarem a humilhação ou a vergonha de viverem um divórcio, uma falência. No livro *Les Évaporés*[1] ("Os evaporados", em tradução livre), Léna Mauger e Stéphane Remael examinam esse fenômeno assustador. "As pessoas próximas entendem que qualquer desvio do percurso seja um fracasso. E o fracasso é inaceitável, significa que o indivíduo não cumpriu sua missão, seu papel na sociedade."

O conceito de vergonha e desonra não é tão radical em nossas sociedades ocidentais, mas ele pode ser vivido de forma traumática e nos tornar vulneráveis ao olhar alheio, aquele olhar pesado que nos julga e condena.

### *A vergonha*

O modo como outras pessoas nos olham pode nos engrandecer ou nos diminuir. Basta uma olhada. O peso do julgamento pesa imperceptivelmente como uma ameaça velada. A situação de Caroline ilustra isso perfeitamente.

*Caroline, 33 anos, perdeu seu emprego como gerente de equipe em uma grande empresa de cosméticos cinco anos atrás. Com um esquema de demissão e de benefícios significativos, ela sabia que encontraria outro emprego sem problemas.*

*"No fundo eu sabia que tinha as qualificações, a experiência e uma rede de contatos, mas não conseguia me livrar de um sentimento de fracasso, de vergonha, de julgamento. Como se fracassar em público fosse mais aterrorizante do que o fracasso em si, que, a propósito, não foi um fracasso de forma alguma. Mas eu era definida pelo meu trabalho e isso acabou pesando no meu relacionamento.*

*Fazia três anos que Baptiste e eu estávamos juntos, ele era diretor de um teatro importante e, de repente, ter uma parceira desempregada não era nada glamoroso.*

*Fomos jantar na casa de alguns amigos e percebi que ele estava se sentindo constrangido, queria mudar de assunto quando eu falava sobre minha situação, e isso foi revelador. Depois daquele jantar, tivemos uma briga e percebi que na verdade ele gostava de uma projeção que fazia de mim.*

*Fiz minhas malas no dia seguinte, fui para um hotel durante uma semana e nesse período não fiz nada além de chorar. Essa situação abalou minha autoconfiança, mas apenas momentaneamente. Em seguida, aluguei o apartamento do amigo de um amigo. Não respondi a nenhuma das mil mensagens de Baptiste. Eu estava muito triste e chateada.*

*Depois de três meses, encontrei um trabalho mais gratificante e mais bem remunerado em outra empresa e, seis meses depois, conheci o amor da minha vida. Encontrei Baptiste em uma festa em Paris quando eu estava grávida. Ele estava sozinho, eu, com meu companheiro, lembrei do período de desemprego e fiquei genuinamente feliz com a mudança que ele havia feito em minha vida, mesmo que, na época, eu fosse incapaz de sentir algo além de vergonha e tristeza."*

Não foi tanto pelo evento da demissão em si, e sim as suposições e antecipações imaginárias de como ela seria percebida pelos outros que fizeram Caroline sofrer. Os famosos outros, cujo olhar nunca passa despercebido.

Em relação a isso, a professora Emmy Van Deurzen faz a seguinte consideração tendo como base a filosofia de Sartre: "Se sou um objeto, estou à mercê do outro, e esse outro é um sujeito que pode me definir e me limitar. Não tenho liberdade nessas circunstâncias. Perdi minha liberdade. Dessa forma, somos rivais de outros seres que podemos delimitar olhando para eles como objetos".[2]

O sentimento de vergonha, quando está arraigado em nós, muitas vezes está ligado à ideia de não querer decepcionar (os outros) e nos leva de volta às crenças limitantes sobre nós mesmos:

- Medo de não ser apreciado por quem você é;
- Medo de se sentir humilhado;
- Medo da rejeição.

A simples ideia de fracassar e ser ridicularizada pode acabar levando à inércia. Ousar sair de zona de conforto e mergulhar de cabeça em alguma coisa parece algo impossível. Para Caroline, esse sentimento de vergonha está relacionado a um evento específico e a uma pessoa específica, o que faz com que sua confiança diminua, mas não a destrua. Ela tem fé suficiente em suas habilidades para não desmoronar completamente.

O sentimento de rejeição e de não ser amada resulta na formação de uma autoimagem alterada e negativa. Caroline tem uma força que a ajudou a lidar com a situação: ela não precisava se definir inteiramente por Baptiste, ela tinha de ser suficientemente "narcisista".

## Escanteada a determinados papéis

No filme *O amor não tira férias,*[3] de Nancy Meyers, os personagens Amanda e Graham, interpretados por Cameron Diaz e Jude Law, se conhecem e conversam sobre suas respectivas profissões. Amanda começa dizendo que trabalha em uma empresa que produz trailers de cinema. Quando Graham fala sobre seu trabalho como editor e sobre sua mãe, que é uma editora conhecida, Amanda admite ser a dona da empresa. Ela toma a decisão de contar a verdade porque entende que Graham não tem medo de mulheres fortes e ambiciosas... O olhar dos outros é um inibidor poderoso que ofusca toda a nossa espontaneidade. Estar sem emprego significa inexistência social, portanto, silêncio. Ter um emprego de prestígio significa existência social intensa, portanto, silêncio também. Onde você se encaixa nesse jogo de olhares? A mulher é condenada a provar que está sempre confortável em seu lugar.

Quando as mulheres fazem uso de ferramentas consideradas masculinas, elas são examinadas e até mesmo acusadas de se apropriarem dessas ferramentas. Falar em público, por exemplo: quando os homens querem conquistar o público, está na moda usar o humor, mas se uma mulher se aventura nesse território, ela perde sua credibilidade. Foi isso que a jornalista Pilita Clarke[4] descobriu, com base em um estudo muito importante realizado por estudiosos da Universidade do Arizona, incluindo Jonathan Evans, um dos líderes da pesquisa:

> O humor feminino parece ser percebido como incômodo, e o masculino com útil. Quem somos nós para ousar fazer esse tipo de humor? Provavelmente não somos grandes coisas. Pelo menos há um outro estudo que encontrou mulheres que usaram o humor para se descreverem como líderes de alto desempenho, mas esse estudo foi realizado na Nova Zelândia, há mais de dez anos.

O humor em público é, portanto, um recurso reservado aos homens. Assim como a grosseria ou a briga. Foi o que confirmou Laurence Gutenmacher,[5] psicóloga clínica, especializada em crianças e adolescentes:

> Todos os dias, nos pátios das escolas primárias, as crianças são ativas e animadas. A diferença está nas expectativas: esperamos que as meninas

sejam gentis, bem-comportadas, resumindo, que sejam como pequenas mulheres perfeitas, ao passo que somos mais tolerantes com os meninos. As meninas podem corresponder a essas expectativas, mas deveríamos aceitar uma menina que às vezes pode ser brusca e entender que ela está animada, em vez de dizer que ela está histérica. É claro que existe histeria num contexto patológico, mas não em uma briga no pátio. Mas é isso que acontece na infância, na educação.

## UMA DUPLA DISCRIMINAÇÃO

Aïssa Maïga é uma atriz francesa famosa que participou de *Bonecas russas*, de Cédric Klapisch, *Um parte, outro fica*, de Claude Berri, *A espuma dos dias*, de Michel Gondry, e *Ele tem mesmo os seus olhos*, de Lucien Jean-Baptiste. A França pode ser um país multiétnico, mas não podemos dizer que a diversidade esteja muito bem representada no cinema ou na televisão, muito menos no teatro. Em maio de 2018, Aïssa escreveu um ensaio com base em sua experiência e na de outras quinze atrizes.[6] Nele, ela fala sobre comentários racistas, sobre as diferenças de tratamento e remuneração, os estereótipos e as suas mágoas. Como é possível ter autoconfiança quando se é duplamente discriminada, não só por causa do gênero, mas também por causa da cor da pele?

Alguns trechos:

"Mulher e diferente. Estigmatizada ou rejeitada. Estereotipada ou ignorada. Essa atribuição na encruzilhada do racismo e do sexismo é acompanhada por uma invisibilidade quase total. Temos poucas oportunidades interessantes para papéis principais. E, quando conseguimos um e achamos que escapamos de nosso status de atrizes relegadas à periferia, descobrimos que outros muros simbólicos foram erguidos. Nossa presença nos filmes franceses ainda se deve, com muita frequência, à necessidade inevitável ou anedótica de ter uma personagem negra. Ser negro não é meu trabalho. Tampouco é das autoras deste livro."[7]

"Eu tinha 21 anos e estava saindo da casa dos meus pais para morar sozinha e começar minha vida independente. Sentia que tudo era possível e que, como havia me formado no Conservatório e recebido um prêmio de segunda melhor atuação, eu seria capaz de interpretar 'Juliette' ou 'Camille'. Eu me sentia a heroína da minha vida, forte e livre. Infelizmente, no decorrer desses vinte e cinco anos, percebi que eu era negra antes de ser eu."[8]

## A ditadura da aparência física

"A aparência física é o primeiro componente da autoestima", afirma Christophe André. "A insatisfação com o próprio corpo está envolvida em uma grande quantidade de sofrimento psicológico",[9] e isso é uma verdade que se aplica particularmente no caso das mulheres. O corpo refletido no espelho se torna a visão com a qual as mulheres se esforçam para existir, o estalão-ouro de sua autoestima. Lembramos que a madrasta da Branca de Neve pergunta ao espelho: "Espelho, espelho meu, existe alguma mulher mais bela do que eu?", e o espelho responde: "Ó, Rainha, sois de todas a mais bela".

Desde o nascimento até a nossa morte, embarcamos em uma história de relacionamento intenso, inconstante e passional com nossos corpos, nossa corporalidade, nossas formas, nossa aparência e as muitas mudanças que ecoam o aspecto existencial de nosso eu, sempre em processo de transformação. A soma total de nossa aparência (roupas, maquiagem, estilo etc.) é o primeiro ponto de contato com a outra pessoa, daí o impacto das impressões iniciais. Como podemos nos certificar de que as impressões que deixamos estão de acordo com o que queremos revelar e comunicar sobre nós mesmas? Nosso eu ideal, forjado por códigos familiares e culturais, experiências de vida e modelos que escolhemos, define o que queremos promover e enfatizar sobre nós mesmas. De certa forma, ele destaca os valores que são importantes para nós.

Essa aparência também pode ser usada para enganar aqueles que estão ao nosso redor. Exibimos algo fabricado que nos dá a sensação de pertencer à norma, mesmo que aparentemos ser diferentes do que realmente somos. Quantas mulheres têm uma sensação de controle quando tudo é calculado, em seu devido lugar? Sem isso, elas temeriam ser julgadas negativamente. Permitir-se ser você mesma exige uma sólida autoestima.

*Clélia tem 37 anos, trabalha como professora de inglês em uma escola secundária no interior e é conhecida por ser uma pessoa colorida, literalmente. "Passei por uma depressão que me deixou arrasada. A única coisa que me manteve firme foi dar aulas. Como eu não queria que ninguém percebesse meus tormentos, comecei a me vestir com cores vivas. Calça laranja com uma blusa rosa fúcsia e um batom para combinar. Comprei óculos verde-maçã. Os alunos costumavam me chamar de 'papagaio' quando eu estava de costas, mas eu não me importava, minha defesa funcionava. Qualquer coisa valia em vez de 'a depressiva'. Comecei a fazer terapia, e foi isso o que me curou. Hoje me permito enfim usar preto e sei que, de agora em diante, ele não refletirá minha alma. Mas mantive meus óculos verde-maçã."*

### A magreza

A magreza é, sem dúvida, o mais poderoso decreto imposto ao corpo das mulheres. É só terminar o inverno que as revistas femininas começam a trazer o mesmo editorial: "Perca três quilos antes do verão!", acompanhado da foto de uma mulher de medidas perfeitas usando biquíni e uma mensagem subliminar que induz à culpa: se você não tem um corpo perfeito, não pode usar biquíni! Como se as mulheres precisassem ser magras para ter o direito de exibir seus corpos (e como se perder três quilos fosse suficiente.)

E o que podemos dizer sobre as influencers que incentivam as mulheres a prepararem seu "corpo para o verão", a serem "gostosas" ou a terem o "corpo para biquíni"? Como a maioria dessas recomendações vem de mulheres, a gente se pergunta o quanto disso é altruísmo e o quanto é crueldade. O quanto é sinceridade e o quanto é marketing. O quanto é sonho e o quanto é cinismo.

Essa história de "ser magra para ser bonita/para ser amada" só consegue acarretar problemas para as mulheres, e as consequências psicológicas são evidentes. De acordo com a analista junguiana estadunidense Pollie Young-Eisendrath:

> A crença de que é preciso ser magra para ter sucesso faz com que as pessoas se sintam inseguras em relação a si mesmas e a suas habilidades. O controle obsessivo do corpo de uma mulher não a leva a ser mais empoderada, mas a sentir vergonha, constrangimento, confusão, leva a doenças e até à morte no caso de distúrbio alimentar. Na expectativa de afirmarmos nosso valor e nossa relevância, nos submetemos a orientações humilhantes de especialistas, que nos dizem o que e quando comer, como fazer exercícios, como se fôssemos crianças.[10]

### *Juventude e beleza*

Em um nível cultural mais global, a preocupação obsessiva com a juventude, com a beleza e com o desempenho reflete um conjunto de valores que são predominantes no tecido social, e que contribuem para um reflexo distorcido da própria imagem. O corpo é bombardeado com pressões estéticas que ditam às mulheres como elas devem atender a um padrão de perfeição. Essas pressões invasivas fazem com que as mulheres se sintam aprisionadas e culpabilizadas.

Susie Orbach é uma psicóloga inglesa, especializada na relação das mulheres com seus corpos. Ela trabalha há mais de quarenta anos com o tema da imagem corporal e dos distúrbios alimentares, e já teve a Princesa Diana entre suas pacientes. Com base em sua experiência clínica, ela diz que o problema só piorou em relação a essas pressões.

> Acho que o que há como novidade é que até mesmo as pessoas que eram autoconfiantes viram essa confiança ser abalada por causa do corpo. Como psicanalista, Freud costumava dizer que transferimos nossos problemas mentais em nossos corpos, mas acredito que atualmente estamos crescendo com corpos tão desequilibrados, que são eles que estão afetando a nossa saúde mental.

### *Como o marketing se retroalimenta da falta de confiança das mulheres*

Por que o corpo das mulheres é o alvo ideal? Susie Orbach explica:

> "Nessa crença de que o corpo é ilimitadamente modificável, nos tornamos vítimas da indústria e do marketing, que frequentemente aumentam nossa falta de autoconfiança. É tudo muito lucrativo, os fabricantes de cosméticos são setores extremamente poderosos e entenderam isso. Quando pensamos em segmentos de mercado rentáveis, logo nos vêm à mente a indústria siderúrgica ou química. Não imaginamos que sejam os batons que movimentam milhões, mas é isso o que está acontecendo!"

O marketing analisa nossos pontos fracos e se aproveita deles para nos oferecer curas milagrosas. O Photoshop e o Facetune fazem o resto. E, assim que temos uma impressão de perfeição, ela nos escapa, porque o padrão muda de acordo com novos critérios, nos arrastando para um novo ideal. Isso cria uma ansiedade constante: imaginamos que nosso corpo não é aceitável do jeito que ele é.

Para o psiquiatra Jean-Christophe Seznec, "o marketing nos leva a acreditar que, ao controlar nossa imagem ou nosso peso, teremos mais amor por nós mesmos, e isso essencialmente alimenta nossa dependência em consumo".[11] E ele continua:

> Nosso corpo pode se tornar um campo de batalha contra nossas emoções e angústias existenciais. Recorremos equivocadamente a alimentos, bebidas ou cigarros para nos acalmar, para preencher nosso vazio e nos confortar. Às vezes, arrancamos os cabelos a ponto de ficarmos calvos (tricotilomania), roemos as unhas, nos arranhamos a ponto de causarmos cicatrizes (dermatilomania)... Chegamos a acreditar que transformar nossa imagem por meio de cirurgia plástica, dietas, esportes ou tatuagens nos fará mais felizes. Mas, no final, todos esses comportamentos nos aprisionam e empobrecem nossas vidas.

### *A ditadura do corpo perfeito*

Ao serem constantemente definidas pela aparência física, as mulheres acabam se identificando por meio de seus corpos. Isso leva a equações simplistas e deprimentes: "Sou gorda, logo, não sou agradável", "Meus seios são pequenos, logo, não sou feminina o suficiente" etc. A partir daí, fazer uma dieta ou fazer uma cirurgia para aumentar os seios traz uma sensação de controle e alimenta a ideia de que isso é fácil, de que tudo pode ser modificado: basta querer.

É uma ideia de fato muito sedutora, mas que pode mascarar uma realidade existencial caótica e incerta, desviando a ansiedade para o corpo. Diante das exigências estéticas da sociedade, ditadas seja pela moda ou pelo cinema, as mulheres muitas vezes se sentem excluídas, o que só serve para minar sua confiança e aumentar o sentimento de insatisfação. Elas não se sentem aceitas como são ou não aceitam certas partes de si mesmas (nariz, boca, seios, coxas etc.). Às vezes, uma pequena injeção de botox ou uma pequena cirurgia poderia ser o suficiente para recuperar a autoconfiança. Mas não subestime essa ditadura da perfeição.

Em 2008, um estudo realizado por pesquisadores noruegueses[12] descobriu que, embora as pessoas que se submetem à cirurgia estética passem a ter uma percepção melhor sobre o corpo, aquelas que apresentavam problemas psicológicos antes do procedimento continuarão sofrendo com os mesmos problemas, que "incluem ansiedade e depressão relacionadas à aparência, de acordo com um estudo de 2018 sobre a relação entre dismorfofobia e procedimentos cosméticos, publicado no *International Journal of Women's Dermatology*".[13]

#### O QUE É DISMORFOFOBIA?

A palavra dismorfofobia significa "uma preocupação exagerada com a aparência desagradável de todo o corpo ou de parte dele, independentemente de essa preocupação ter ou não uma base objetiva".

Na psicologia, essa preocupação é considerada como um defeito imaginário ou absolutamente desproporcional. O sujeito se vê como "deformado" e isso lhe causa sofrimento.

A cirurgia plástica não resolve todos os problemas existenciais, isso parece óbvio. Mas não é tão obvio assim: as mulheres são tão frequentemente manipuladas pelas normas de beleza que se esquecem de outros valores importantes ao corpo, especialmente da saúde. Se não se concentrassem tanto na aparência, seria mais fácil considerar outras formas de se reconectar com os corpos, por meio do esporte, por exemplo: "Devemos repensar o corpo de tal forma que possamos apreciá-lo. Nossa luta é para recorporalizar nossos corpos para que eles se tornem um lugar em que vivemos, em vez de uma aspiração ideal permanente. [...] Precisamos de corpos que sejam estáveis o suficiente para desfrutar de momentos de felicidade e aventura".[14]

Em seu romance *Sobre a beleza,*[15] Zadie Smith descreve de maneira muito justa a ditadura da beleza.

> É por isso que Kiki tinha tanto medo de ter uma filha: ela sabia que não seria capaz de impedi-la de sentir aversão a si mesma. Ciente disso, no começo, ela tentou proibir a televisão, e sequer um batom ou uma revista feminina podiam entrar na casa dos Belsey. Mas todas essas precauções – e outras – foram em vão. Kiki sentia que era como se esse ódio que as mulheres sentem por seus corpos flutuasse na atmosfera. Ele se infiltrava na casa pelo ar ou pelas solas dos sapatos; emanava dos jornais. Era impossível controlá-lo.

### *Mulheres e redes sociais*

Os corpos perfeitos exibidos em pôsteres ou em telas invadem nosso campo visual, ditam as medidas das mulheres e causam grandes estragos. O corpo feminino é reduzido a padrões estéticos que mudam de acordo com os ícones da época, mas que mantêm um padrão constante: seios grandes, cintura fina e pernas longas.

Nossas telas estão saturadas de plásticas perfeitas. Existe o corpo que temos na vida real, e existe o corpo que criamos para as redes sociais. Como as mulheres podem sobreviver nessa verdadeira selva que é o Instagram, tirando fotos de si mesmas o tempo todo, se apegando a uma imagem falsa, tentando se identificar com os novos influenciadores que estão sempre penteados, maquiados, musculosos... perfeitos? Como podemos fazer para que as meninas possam ter a distância necessária de tudo isso e que, ao perceberem que não podem se parecer com esses modelos, desenvolvam uma autoconfiança sólida?

*Capucine, de 15 anos, nos conta:*

*"Eu me atrevi a postar uma foto minha de biquíni. Tive de tirar cerca de trinta fotos até encontrar uma que julgasse aceitável. Recebi duas curtidas, mas outras pessoas que eu nem conhecia escreveram comentários maldosos e ofensivos, dizendo pra eu colocar minhas roupas novamente. Chorei muito e saí do Instagram. Estou tentando me aceitar como sou."*

Infelizmente, Capucine não é a única vítima desse tipo de ataque. Uma primeira-dama já sofreu ataques semelhantes, mas não por adolescentes, e, sim, por políticos. A violência de nossos tempos está minando nossa confiança. "Na Internet, os haters têm como alvo a aparência de mulheres cujas ideias não lhes agradam; eles também postam fotos não autorizadas como 'vingança' no caso de um rompimento de relacionamento. Atacar as mulheres através de sua aparência se tornou algo natural."[16]

## *A resistência está se organizando*

O corpo feminino em toda a sua diversidade é muito pouco representado, mas felizmente nos últimos anos vem surgindo uma tendência que pretender mudar esse paradigma. Existem agora leis no setor da moda que exigem o tratamento de modelos anoréxicas. Muitas marcas estão incluindo modelos com curvas, para que todas as mulheres possam se identificar com elas. Algumas figuras públicas estão se recusando a se submeter às ditaduras da magreza. Esse é o caso das novas figuras do Instagram que exibem seus corpos e os reivindicam como seus. É o caso da atriz australiana Celeste Barber, que se diverte parodiando as estrelas em sua conta do Instagram e agora conta com mais de nove milhões de seguidores. Quando a naturalidade irrompe no cenário altamente formatado das redes sociais, as mulheres finalmente se identificam.

A série estadunidense *This Is Us*, criada por Dan Fogelman, não poderia ter um nome mais apropriado: ela nos faz imergir em diferentes épocas da vida de uma família. Para interpretar o papel da filha obesa, não houve trapaça: a atriz é realmente obesa e na narrativa compartilha seus problemas, sua relação conturbada com o corpo, mas também seus sonhos, esperanças e amores.

Entre 2013 e 2018, a jornalista e escritora Kelsey Miller escreveu no site Refinery29 inúmeros artigos sobre como se libertar de complexos, sobre a ditadura do corpo perfeito e o ativismo em prol da aceitação do corpo. Todos esses temas foram tratados sob o alegre nome de "Anti-Diet Project", ou projeto antidieta: "Todas nós, de todos os tamanhos, somos diariamente bombardeadas com a mensagem de que não podemos nos dar ao luxo de perder peso. Bombardeadas diariamente com a mensagem de que a magreza é um objetivo constante pelo qual todas nós devemos nos esforçar. E, surpresa!, nesse objetivo não há linha de chegada, porque, na verdade, você nunca será magra o suficiente!". Foi então que ela decidiu parar de fazer dieta, e começou a escrever seus artigos: "Aqui estão algumas das coisas que aconteceram comigo quando parei de fazer dieta: minha carreira decolou e publiquei meu primeiro livro [...]. Percebi o quanto eu era capaz de aceitar o amor e a afeição dos outros. [...] O cara com quem eu estava saindo se tornou meu namorado, depois meu marido...".[17]

Precisamos ser um pouco como a personagem do romance *A mulher no espelho*, de Éric Emmanuel Schmitt: "Não sei como ser a mulher que nossos tempos exigem. Acho difícil me interessar pelos assuntos de nosso sexo, homens, crianças, joias, moda, casa, cozinha e... meu próprio pequeno eu. Porque a feminilidade exige um culto a si mesma, ao rosto, à imagem, ao cabelo, às formas".[18]

## Transformadas em um objeto

O conceito de objetificação foi introduzido pelo filósofo Immanuel Kant para provar como ele funciona como um vetor de desumanização: "Assim que uma pessoa se torna um objeto de apetite para os outros, todos os laços morais se dissolvem, e a pessoa assim considerada não passa de uma coisa a ser usada e servida".[19] Duas militantes feministas estadunidenses, Catharine MacKinnon e Andrea Dworkin, conhecidas pela atuação no trabalho sobre assédio sexual, estupro e pornografia, denunciaram em 1997 a maneira como os homens objetificam as mulheres,[20] sendo a pornografia a responsável parcial por essa objetificação.

Mas foram as pesquisadoras estadunidenses Barbara Fredrickson, professora emérita de psicologia em Kenan, e Tomi-Ann Roberts, psicóloga e professora de psicologia da Universidade do Colorado, que desenvolveram, também em 1997, a teoria da objetificação feminina e comprovaram seu impacto sobre a saúde mental das mulheres. Ao se tornarem um objeto sexual, as mulheres são degradadas e perdem a autoconfiança.[21]

> Essa teoria argumenta que muitas mulheres são tratadas como objetos sexuais e que isso leva ao surgimento de problemas psicológicos encontrados predominantemente em mulheres (depressão, distúrbios alimentares etc.). Há dois caminhos para esse processo. O primeiro são as experiências de objetificação sexual (como ser tratada por outros como um objeto sexual) que levam diretamente a transtornos mentais. O segundo caminho é indireto e envolve a internalização, por parte das mulheres, da maneira como os outros as veem. Isso é conhecido como auto-objetificação.[22]

O gráfico da página seguinte ilustra esse processo. Notem que, na psicologia, a palavra *flow*,[23] ou fluxo, refere-se a um estado mental no qual uma pessoa está totalmente concentrada e envolvida no que está fazendo, seja trabalho, música, esporte ou qualquer outra tarefa. Essa imersão na atividade é acompanhada de emoções positivas, como alegria, motivação e satisfação.

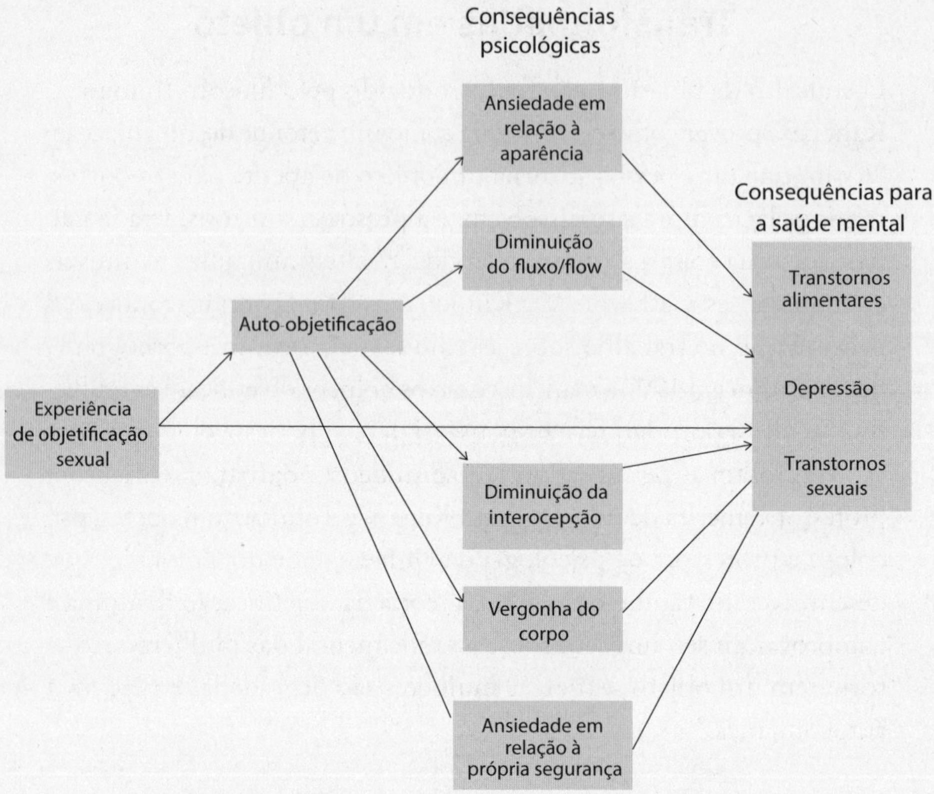


Quando as mulheres são tratadas como objetos sexuais[24]

## O medo de não ser levada a sério

Ao reduzir as mulheres à sua capacidade reprodutiva (quando somente o potencial materno as define) ou ao seu corpo (para se encaixar nos padrões de beleza), reforçamos a falta de consideração que temos por suas habilidades intelectuais. Esses estereótipos não poupam as cientistas. Em todas as disciplinas, a cada três pesquisadores, uma é mulher. No programa *Journal des sciences*, do canal televisivo France Culture,[25] a jornalista e produtora Natacha Triou entrevistou Isabelle Régner, professora do laboratório de psicologia cognitiva da Universidade Aix-Marseille e coautora, junto com Catherine Thinus-Blanc, Agnès Netter,

Toni Schmader e Pascal Huguet, de um estudo intitulado "Committees with implicit biases promote fewer women when they do not believe gender bias exists" [em tradução livre, "Grupos com vieses implícitos promovem menos mulheres quando não acreditam na existência de um recorte de gênero"][26].

> Na prática, a cada dois membros de uma banca, um não reconhece a discriminação que as mulheres podem sofrer na ciência [...]. Mas em nossos resultados, também temos soluções: educar os membros de bancas, explicando como os estereótipos funcionam, que esses preconceitos – automáticos – podem nos influenciar sem que percebamos. Estar ciente disso e entender como isso atua pode nos ajudar a resistir à essa tendência desfavorável.

A escritora Sally Rooney foi uma das vítimas desse preconceito. Um crítico literário suíço escreveu um texto elogioso no jornal *Tages-Anzeiger*, exaltando as qualidades do seu formidável romance *Conversas entre amigos*,[27] mas explicou no texto que o sucesso do livro teria sido sem dúvida ajudado pelas fotos da autora, "nas quais ela parece um cervo assustado com lábios sensuais". Imediatamente surgiram comentários indignados no Twitter (atual X) com a hashtag #dichterdran, um trocadilho alemão com "escritor masculino" e "não é mais assim". A reação incluiu tweets espirituosos como "Jean-Paul Sartre nunca conseguiu escapar da sombra intelectual de Simone de Beauvoir, e é aí que reside a tragédia da existência". No entanto, comentários como esses só podem afetar a autoconfiança das mulheres em suas habilidades.

> Esses são exemplos do que podemos chamar de disparidade de seriedade entre os gêneros. As escritoras enfrentam um repertório muitas vezes inconsciente de coisas que não foram ditas, suposições sobre o valor de seu trabalho, com base na ideia de que os homens são sérios e de que as mulheres são frívolas.[28]

E o que dizer do teste Bechdel, batizado em homenagem à autora de quadrinhos Alison Bechdel? O teste aborda desigualdade de gênero no cinema. Em 1985, na revista de quadrinhos *Dykes to Watch Out For* ("Sapatões para ficar de olho" em tradução livre),[29] Bechdel desenhou uma tirinha intitulada "The Rule" (A regra), na qual duas amigas planejam ir ao cinema. Uma delas fala sobre uma regra que ela aplica ao escolher um filme: que haja pelo menos duas mulheres cujos nomes você conheça, que elas conversem entre si durante o filme e que discutam algum assunto que não seja sobre um homem. Faça o teste, não é nada fácil! Depois disso, quatro cinemas suecos independentes o transformaram em um selo para denunciar o sexismo.

## Quando o olhar do outro salva

Nossas ações e nossos desejos geralmente dependem do olhar dos outros, e nossos corpos não são exceção: eles destacam o aspecto interrelacional da existência e criam um sentimento de ansiedade. Como não sabemos realmente o que a outra pessoa pensa de nós, precisamos ser constantemente validados. Você me ama? Eu significo alguma coisa? Essa incerteza é insuportável. Felizmente, nem todos os olhares são críticos ou maliciosos, e alguns podem até nos salvar.

*Marianne tem 23 anos e é a mais nova de três irmãs. Seus pais são diretores de empresa e muito ocupados em suas carreiras. As duas irmãs mais velhas têm namorados e foram admitidas nas universidades que queriam graças às notas muito boas que tiraram. Mas esse não era o caso de Marianne, que sequer conseguia pensar em uma carreira.*

*"Eu tinha a impressão de que todos ao meu redor tinham conseguido encontrar seu caminho. Minhas irmãs não são apenas mais altas e mais magras do que eu, elas também são brilhantes: uma estava na Essec, que é uma prestigiosa escola de gestão, e a outra na Sciences-Po. Terminei meu Ensino Médio com a nota necessária para passar, eu me sentia burra e estava perdida. Meus pais nos pressionavam muito para*

*que fôssemos bem-sucedidas, embora, ao me verem tão indecisa quanto ao meu futuro, tenham me dito que apoiariam minha escolha, qualquer que fosse a área que eu decidisse estudar. Sempre me interessei por questões ambientais e por psicologia, mas a especialização de cada área era um pouco vaga e eu não sabia que tipo de carreira poderia seguir nem como iria ganhar a vida. Eu estava sempre mudando de ideia e não tinha autoconfiança. E, para melhorar, três dos meus amigos que começaram um blog na escola tiveram muito sucesso graças às redes sociais... Eu sentia uma inveja secreta deles, mas sei que nunca conseguiria ter me destacado daquele jeito. Em suma, eu era a única que fazia escolhas por padrão e não conseguia nem mesmo encontrar um namorado. Mas dois meses depois de começar a faculdade, recebi um telefonema urgente do Émile, um colega de uma das minhas irmãs: ele era um dos organizadores de uma viagem à Gâmbia, na qual alunos de duas universidades dariam aulas a crianças. Um dos rapazes havia adoecido e não poderia mais viajar. Émile perguntou se eu poderia substituí-lo. Eu só tive tempo de tomar as vacinas e fazer as malas. Logo me vi em um vilarejo muito distante dos meus pontos de referência e da minha zona de conforto.*

*Émile acreditou em mim e, embora mal tivéssemos nos falado antes, eu havia inspirado confiança nele. Isso mudou tudo. Tive a impressão de que ele conhecia mais meu próprio valor do que eu mesma. Ele fez minhas dúvidas desaparecerem e, com essa confiança, era como se eu tivesse ganhado asas e desenvoltura. Eu me adaptei sem nenhuma dificuldade, e a experiência me deu uma visão mais clara do meu futuro. Depois disso, fiz um mestrado em gestão ambiental e comecei recentemente a trabalhar em uma* ONG. *Sem o olhar de Émile, eu ainda estaria duvidando de minhas habilidades e do futuro."*

### TODAS AS MULHERES TÊM DIREITO A UM CORO DE ELOGIOS!

Estar com pessoas reais que nos aqueçam, que apoiem e elogiem nossa criatividade, é essencial para a corrente da vida criativa. Do contrário, acabamos congeladas. O ambiente propício é um coro de vozes tanto interiores quanto exteriores que observa o estado do ser da mulher, tem o cuidado de incentivá-lo e, se necessário, também a conforta. Não tenho certeza do número de amigos de que precisamos, mas decididamente um ou dois que considerem o seu talento, qualquer que ele seja, *pan de cielo*, o pão dos céus. Toda mulher tem direito a um coro de elogios.[30]

## Mudando a maneira de enxergar a si mesma

Não podemos controlar a maneira como os outros nos veem, mas podemos tentar mudar a maneira como olhamos para nós mesmas. Podemos tentar ser mais tolerantes, menos críticas, mais audaciosas. O filme *Sexy por acidente*, lançado em 2018, e transformado posteriormente em série, é um exemplo. Ele nos mostra que a autoconfiança é mais importante do que a aparência. A personagem principal, uma jovem insegura interpretada por Amy Schumer, trabalha em uma revista feminina. Sua autoconfiança está em baixa por conta de sua forma física, e ela deseja secretamente ser considerada bonita. Após sofrer um acidente, ela acorda com a certeza de ser a mulher mais bonita do mundo. Sua autoconfiança eleva confiança das pessoas ao seu redor e muda a maneira como elas a veem.

*Annabelle tem 65 anos e está há sete no seu segundo casamento. Ela sabe que a autoconfiança depende de como a gente se vê.*

*"Fiquei viúva aos 55 anos e me achava velha, feia, acabada. Uma amiga me deu uma sacudida, me convidou a fazer yoga e a sair à noite. Pouco a pouco, fui redescobrindo o gosto pela vida. No verão seguinte saímos de férias em um resort. Eu não conhecia ninguém além da minha amiga e do marido*

*dela, me sentia tão imersa em mim mesma, livre do olhar dos outros, que me joguei em tudo, desde a natação até o surfe. Eu sempre tive complexos, me achava muito grande, três quilos acima do peso, com cabelos grisalhos... Foi quando conheci o homem mais bonito da cidade e nunca mais voltei. Se eu soubesse disso quando era mais jovem, nunca teria desperdiçado minha vida do jeito que fiz. Eu teria apreciado cada pedaço de um doce, não me pesaria todos os dias, me acharia bonita... Teria me achado linda... Se aceitar é o maior presente que você pode dar a si mesma!"*

Cada um tem seus próprios meios para lidar com o olhar dos outros e para olhar para si mesmo de um modo gentil. Nesse aspecto, a romancista, crítica de moda e influenciadora Sophie Fontanel é um exemplo a ser seguido.[31] Ela concordou em dividir conosco a sua visão sobre a autoconfiança das mulheres.

*"Desde a adolescência eu tinha medo de não ser bonita, ou de ao menos não ter o tipo de beleza que atrai os homens. É claro que às vezes, sobretudo quando eu era jovem, eu percebia que era atraente, mas o fato é que eu não conseguia acreditar em meus olhos. Por outro lado, sou bastante confiante quando se trata de escrita, criatividade, humor e inteligência, qualidades que certamente desenvolvi em excesso para compensar essa parte estética.*

*Logo percebi que a falta de confiança estética escondia algo. Parecia que era conveniente encontrar um motivo tão irresistível para sentir pena de mim mesma, em vez de ser autossuficiente. Superei esse complexo ao perceber a sorte que eu tinha por ser como era: eu era capaz de rir de mim mesma. Naturalmente, o tempo passou e eu sei que até as garotas mais bonitas do mundo têm suas dúvidas, então é normal que eu também tenha as minhas. A dúvida é tanto um veneno quanto algo que nos traz modéstia. É algo interessante.*

*Minha autoconfiança cresceu porque eu não sou uma pessoa má. Mesmo que eu esteja com raiva, irritada, sempre acabarei perdoando e escolhendo amar e compreender. E se eu aplicar isso aos outros, também posso aplicar a mim mesma. Sou menos dura comigo do que costumava ser.*

*Eu aconselharia as mulheres a dizerem a si mesmas que ninguém é unânime. Algumas pessoas dirão que Marilyn Monroe não era bonita. Você encontrará outras que lhe dirão que um romance de Marcel Proust é ilegível. Como dizem, todas as opiniões são relativas, e por isso é aconselhável escolher a mais gentil das opiniões, especialmente sobre você. É claro que isso não exclui a honestidade consigo mesma, mas honestidade não é sinônimo de severidade. Seja menos rigorosa com você.*

*Eu gostaria de acrescentar que a autoconfiança também vem do interesse pelos outros. Estou um pouco assustada com essa tendência de 'conectar-se com seu eu interior'. Fiz meu progresso ao me interessar pelos outros. Foi esquecendo-me de mim mesma que consegui ficar mais tranquila, me enxergar numa perspectiva mais distanciada, mais terna. Respeito as pessoas que encontram equilíbrio por meio da yoga, por exemplo. Todo mundo faz o que pode. Na minha opinião, a autoconfiança não vem de domínio de seu corpo, e sim de aceitar algo que flutua no corpo. Ela encontra sua fonte na gentileza."*

## PARA LEMBRAR: 6 DICAS PARA SE LIBERTAR DO OLHAR DOS OUTROS...

1. Para ter um olhar mais indulgente sobre si mesma, assista a *Sexy por acidente*. Um filme que faz você se sentir bonita, cuja moral poderia ser: "Se você não se amar, os outros não vão amar você!".
2. Leia *Mulheres que correm com os lobos*, de Clarissa Pinkola Estes.
3. Siga a Celeste Barber no Instagram e, assim como ela fez, volte a olhar a vida real. E compreenda: fazer humor sobre si mesma não mata ninguém. Nem uns quilinhos a mais!
4. Leia TODOS os livros de Sophie Fontanel.
5. A gentileza começa em casa. Comprometa-se a parar de olhar para outras mulheres de forma crítica (todas nós já fizemos isso).
6. Aprenda este mantra: "Você não pode praticar a compaixão com os outros se não tratar a si mesmo com gentileza".[32]

# 6
# Desafiando a falta de autoconfiança e fazendo dela um motor

*Você ganha força, coragem e confiança através de cada experiência em que realmente para e encara o medo de frente. Quando isso acontece, você é capaz de dizer a si mesma: "Já vivi esse horror, posso lidar com a próxima coisa que me acontecer".*

(Eleanor Roosevelt)

Aceitar nossa falta de autoconfiança pode se tornar um ponto forte, pois essa lucidez nos permite antecipar nossos medos, otimizar nossos pontos fortes e nossa experiência. Ela pode nos dar o estímulo necessário para buscarmos nos superar, para enfrentar os perigos e as injustiças que se apresentam para nós, seja no trabalho ou na vida pessoal.

O agente motivador pode ser um evento ou algum outro fator simples. Às vezes pode ser um julgamento, mesmo que severo, de alguém que respeitamos. Um "você não vai conseguir" pode nos estimular a fazer do nosso êxito um objetivo, um desafio: "Vou provar que ele ou ela está errado e vou conseguir". Seja por orgulho, por termos sido magoados por esses comentários depreciativos ou por vingança, a motivação está ali, como um motor que impulsiona o desejo de vencer. Às vezes o julgamento tóxico vem das pessoas mais próximas: de nossos pais. Em outros casos, nossos pais são pessoas extremamente gentis, amorosas e encorajadoras, mas a sociedade vai na direção oposta.

Também é importante lembrar que, em nossas sociedades individualistas, embora a autoconfiança seja vital, as mulheres muito seguras são rapidamente consideradas arrogantes. As normas e os estereótipos de gênero ainda são muito fortes: uma mulher muito autoconfiante será considerada autoritária, enquanto um homem com o mesmo comportamento será considerado como alguém com espírito de liderança. Leva tempo para romper com os padrões que delimitam as mulheres ao seu papel de bela, recatada e do lar.

## Combatendo os estereótipos

Entender os estereótipos é o primeiro passo para combatê-los e recuperar um certo grau de autoconfiança. Essa luta pode ser travada em nível coletivo, para mudar o olhar da sociedade.

É isso o que várias escolas têm feito para desafiar os clichês arraigados em nossa cultura. Voltaremos a esse assunto no Capítulo 9.

Em 2014, esse também foi o objetivo estabelecido pela marca de absorventes Always, com sua primeira campanha #ComoUmaGarota. Até agora, "como uma garota" era uma expressão depreciativa. "Você joga bola como uma garota!" ou "Você corre como uma garota!". Significava algo como "Você é fraco!".

> A primeira campanha "Como uma garota" foi um sucesso: o vídeo foi visto mais de 85 milhões de vezes em 150 países e compartilhado por mais de 1,5 milhão de pessoas. A marca Procter&Gamble afirmou que a maioria das pessoas indicou que [...] sua percepção da expressão "como uma garota" mudou depois de assistir ao vídeo. Mais de 60% das mulheres que conheciam o anúncio concordaram que, se todos começassem a

> usar a expressão em um sentido positivo, e não como um insulto, as meninas teriam mais confiança em si mesmas.[1]

No vídeo, a diretora pede que adultos façam coisas "como uma garota". O resultado é afetado, cheio de caretas, ridículo. Depois ela faz a mesma pergunta a garotas que estão felizes sendo elas mesmas. Em 2016, a Always foi ainda mais longe e lançou uma nova campanha com a jogadora de futebol Laure Boulleau, zagueira do Paris Saint-Germain.

> "Nos últimos três anos, a empresa vem trabalhando em uma campanha para quebrar os estereótipos sobre esportes, dos quais muitas meninas são excluídas por falta de incentivo. [...] 'Mas esse não é um esporte para você!' é uma frase que as meninas que jogam rúgbi, boxe ou futebol já ouviram mais de uma vez em suas vidas, e que está sendo usada como ponto de partida da nova campanha [...]. Por terem de se adequar aos padrões que a sociedade tende a impor, como serem femininas, delicadas e discretas, muitas meninas preferem abandonar o esporte de que gostam quando se tornam adolescentes, e elas estão precisando urgentemente de exemplos. Que esportistas mulheres hoje são admiradas por seu talento, coragem e desempenho? Infelizmente, poucas, e as adolescentes já perceberam isso."[2]

## O esporte "hipertrofia" a autoconfiança

O esporte também é o espaço no qual se reproduzem os estereótipos e a desvalorização das mulheres. Durante a adolescência, de cada 10 meninas, aproximadamente 7 delas:

- acreditam que não foram feitas para praticar algum esporte;
- acreditam que a sociedade não representa ou valoriza as mulheres de forma igual ou justa no esporte;
- gostariam de ter mais exemplos de esportistas mulheres.

De acordo com um estudo,[3] até o final da adolescência, 41% das meninas terão abandonado o esporte que escolheram praticar.

No entanto, ele desempenha um papel crucial no desenvolvimento da autoconfiança. São três os benefícios principais na prática de esportes:

- manter a forma;
- aumentar a autoconfiança;
- desenvolver o espírito de equipe.

Serena Williams foi uma das primeiras a inspirar meninas lá do alto do seu Olimpo, e agora a seleção feminina de futebol francesa vem inspirando uma geração de meninas que começaram a perceber que certos esportes não são apenas para homens. E que fazer as coisas #ComoUmaGarota pode ser uma qualidade.

O esporte é o primeiro elo social em que a competitividade é praticada, tratando-se de uma espécie de combate supervisionado. É no esporte também que se aprende o espírito de equipe. Mais tarde, no campo de jogo da vida, todas essas interações servirão para o desenvolvimento de ferramentas para alcançar as ambições e, ao mesmo tempo, ter uma visão menos crítica de si mesma. Para as meninas, significa tornar-se uma atacante em vez de uma goleira, sair da zona de conforto, ver os frutos de seus esforços por meio do treinamento, experimentar uma modalidade esportiva diferente, muitas vezes rotulada mais "masculina", como o futebol ou o boxe...

Ganhar terreno significa demonstrar coragem. Graças a várias campanhas de conscientização contra estereótipos, algumas barreiras estão começando a se deslocar. O medo de cometer erros, de não se sair bem, é o equivalente a um cartão amarelo na cabeça das meninas. Desse modo, praticar esportes, especialmente esportes coletivos, significa olhar para frente, aprender a se arriscar, a cair e aprender a se levantar novamente, analisar os erros em conjunto e considerar soluções. Essa é a maneira ideal de desenvolver a autoconfiança.

Além do mais, o esporte estimula as pessoas a terem uma relação mais saudável com o corpo e com a imagem. Ele funciona como um contrapeso às imposições sociais, como é o caso das redes sociais. A Dove, que é muito ativa nesse campo, lançou uma campanha chamada Projeto Dove pela

Autoestima, e uma das vertentes essa campanha abrange o esporte. "O 'Relatório de Progresso da Campanha de Confiança Corporal'[4] aponta que as pessoas que praticam esportes têm uma imagem corporal mais positiva do que aquelas que não praticam. Sentir-se bem com seu corpo significa sentir-se à vontade ao praticar esportes, o que estimula a saúde física e mental."[5]

## Orgulho e preconceito

As feridas narcísicas estão na raiz de grandes realizações, e às vezes são as marcas mais sérias que põem à prova nossa confiança. E, assim como os conflitos, essas provações são inevitáveis. Ao nos deparamos com fracassos ou adversidades na infância ou mais tarde na vida, podemos acabar nutrindo um forte desejo de vingança, mas a vida pode até ser bastante generosa com as armadilhas que coloca em nosso caminho. Diferente do sentimento de vingança, o desejo de provar algo a si mesma, de não se deixar abater, de seguir em frente, é como uma luz que se acende quando o assunto é autoconfiança.

*Arielle é uma jovem de voz suave e rosto delicado que não consegue acreditar no próprio sucesso.*

*"Comecei a fazer aulas de teatro no Ensino Fundamental. Meus pais ficaram um pouco surpresos com essa escolha, pois sempre fui bastante tímida e reservada; enquanto meu irmão mais velho saía para jogar com os amigos, eu ficava lendo. Era uma devoradora de livros: lia romances, teatro, poesia... As palavras me fascinavam, e declamar os versos de peças clássicas me levava ao êxtase. Desde muito cedo, eu sabia que tinha nascido pra isso, para me esgotar no palco. Mas eu tinha tanta falta de autoconfiança que nunca admitiria isso para ninguém. Era um sonho impossível.*

*Quando cheguei à quarta série, queria entrar para o clube de teatro dirigido pelo meu professor de francês e latim, que eu admirava, e minha mãe foi comigo para fazer a matrícula. Havia uma multidão no pequeno anfiteatro e eu estava conversando com minhas amigas quando ouvi minha mãe dizer ao professor que meu sonho era ser atriz. O professor deu uma risada e respondeu com certo desdém: 'Arielle é muito inteligente, ela certamente foi feita para estudos literários. Mas não vamos nos iludir quanto a ser atriz'. Nessa hora achei que ia desmaiar, mas felizmente minhas amigas não escutaram nada da conversa. Ouvi claramente minha mãe responder: 'Minha filha é muito inteligente, você tem razão. Mas não seja arrogante, ela vai surpreender você'. Naquele momento, eu queria me jogar em seus braços. Eu nunca havia contado a ela sobre meu desejo secreto, mas ela era minha mãe, ela sabia e, acima de tudo, estava me defendendo. Isso me deu uma força incrível. O professor de teatro provavelmente ficou chateado, porque foi muito injusto comigo depois, mas eu não me importei, fiquei calada, aprendi e progredi. Depois do Ensino Médio, fui para o Canadá estudar teatro e direção. Mudar de país também me ajudou a me reinventar e a aumentar minha autoconfiança. De volta à França, tive a sorte de atuar em alguns teatros de prestígio. No ano passado, após uma apresentação de uma peça de Goldoni, recebi a visita de meu antigo professor de teatro, que me parabenizou calorosamente: 'Eu sempre soube que você seria um sucesso!'. Eu lhe agradeci, com muita sinceridade, pois, em parte, é graças a ele que estou aqui..."*

## "Quando tudo parece perdido, ainda resta a coragem"

Essa frase de Daniel Pennac traz à tona o fato de que sempre há recursos dentro de nós que não conhecemos. A coragem é um deles, e podemos recorrer a ela muito mais do que imaginamos. É de onde tiramos força para agir.

### *Somos mais fortes do que imaginamos*

"Agir é proteger a si mesmo", escreveu Françoise Giroud. A escritora estadunidense, Betty Mahmoody, fez disso o seu lema. Em 1984, seu marido, um iraniano que morava em Michigan e com quem ela tinha uma filha, sugeriu que ela viajasse ao Irã para visitar a família dele. Apesar de ter um mau pressentimento, ela o acompanhou até Teerã.

> Eu estava convencida de estar cometendo um erro, tinha vontade de saltar do avião. Eu me tranquei no banheiro, me olhei no espelho e vi uma mulher nos estágios avançados do pânico. Havia acabado de fazer 39 anos e, nessa idade, uma mulher deveria ter sua vida sob controle, mas eu só conseguia me perguntar como havia perdido o controle..."[6]

Chegando no país, seu bondoso marido se revelou um aiatolá, confinou a esposa e a informou que ela nunca mais sairia do Irã. Ela passou a ser espancada, num inferno que durou quase dois anos. Betty Mahmoody havia se esquecido de si mesma nesse relacionamento, optando pela segurança e pela passividade, e perdeu toda a autoconfiança. Mas quando se viu prisioneira do marido e da família dele, quando o horror da vida cotidiana a dominou, ela encontrou recursos inimagináveis dentro de si mesma para enfrentar a situação. Com coragem e determinação, ela se recusou a desistir por amor à sua filha. Sua vida ganhou um novo significado: fugir de volta para casa com objetivo de salvar sua menina.

> Disseram que iam pegar meu dinheiro, nos levar para a fronteira, nos estuprar, matar ou vender para as autoridades, mas eu não podia mais me intimidar com as ameaças. Minhas escolhas eram claras. Em alguns dias, poderia pegar um avião para os Estados Unidos e voltar sozinha para casa, para minha zona de conforto, sem nunca mais ver minha filha. Ou poderia pegar minha filha pela mão amanhã e embarcar na viagem mais perigosa das nossas vidas. De fato, eu não tinha alternativa. Ou eu morreria nas montanhas entre o Irã e o Paquistão ou iria trazer minha filha em segurança de volta aos Estados Unidos.[7]

*Sem minha filha não vou* narra a história de seu encarceramento e de sua fuga. Betty Mahmoody precisou de muita coragem. Ao fazer o oposto do que se esperava dela, ela reconstruiu sua autoconfiança enfrentando seus medos e superando o que pensava ser seus limites. Ela se transformou, armada com a resistência e a perseverança de uma maratonista. Dando um passo de cada vez, ela teve fôlego o suficiente para conseguir superar montanhas físicas e mentais.

### *Não tenha medo das mudanças*

A confiança é influenciada pela maneira como reagimos às dificuldades, às mudanças e às rupturas. O que importa é o que fazemos com nossas dúvidas, as vulnerabilidades e os medos. Muitas vezes, a vida que imaginávamos para nós, a maneira como planejamos alcançar nossos objetivos e os planos que havíamos traçado viram de cabeça para baixo, como foi o caso de Betty Mahmoody e de muitas de nós. É um lembrete que a vida não é linear. E, se acreditarmos na frase de Nietzsche "O que não me mata me fortalece", poderemos analisar nossa autoconfiança atual à luz das provações passadas.

Como Clarissa Pinkola Estes mostra em seu livro *Mulheres que correm com os lobos,*[8] a vida real, com todas as suas dificuldades, é muito mais interessante do que aquela que lemos ou assistimos em ficções: "Apesar de os contos de fadas acabarem ao final de dez páginas, nossas vidas não acabam junto. Nós somos coleções de muitos volumes. Na nossa vida, mesmo que um episódio represente um desastre total, sempre há um outro episódio à nossa espera e depois mais outro. Há sempre outras oportunidades para acertar, para moldar nossa vida do jeito que merecemos que ela seja. Não percam tempo amaldiçoando alguma derrota. O fracasso é um mestre mais eficaz do que o sucesso. Ouçam, aprendam, insistam. É isso o que estamos fazendo com essa história".

Na mesma perspectiva da superação e da coragem frente à falta de autoconfiança, a jornalista política e romancista Valérie Trierweiler nos conta:

> *"Tenho muitas inseguranças, infelizmente em todas as áreas. Quando me tornei uma figura pública, todos me achavam uma pessoa muito segura de si, mas é exatamente o contrário. Depois de trinta anos neste ramo, ainda escrevo os artigos com medo de como eles serão recebidos, como se estivesse fazendo um exame, em todas as vezes. Quando estou em uma entrevista, sempre tenho medo de não fazer a pergunta certa.*
>
> *Ao terminar o mestrado, estava orgulhosa de ter um diploma de mestre, mas assim que comecei a trabalhar como jornalista política percebi que a maioria dos meus colegas tinha estudado na Sciences-Po, que tinham mais conhecimento geral*

*e confiança do que eu. Eu vinha de uma origem mais humilde e me orgulhava disso, mas, ao mesmo tempo, sentia que tinha menos base.*

*Me senti ainda mais impostora quando entrei no Palácio do Eliseu ao lado do então presidente da França, François Hollande. Fazia vinte anos que eu trabalhava como jornalista política, mas aquele ainda não era o meu mundo. Escrever* Merci pour ce moment[9] *me ajudou a recuperar a autoconfiança, pois ousei falar a minha verdade e não me deixei mais sentir pena de mim mesma.*

*As mulheres precisam aprender a duvidar menos de si mesmas. Não cresci ainda mais profissionalmente em grande parte porque, como mãe de três crianças, eu duvidava que pudesse fazer meu trabalho direito quando, para ser honesta, eu estava trabalhando tão duro quanto meus colegas homens."*

## Estabelecendo nossos propósitos

Nossos propósitos, aquilo em que acreditamos, o que importa em nossa vida, também são grandes recursos. Todos nós estamos em busca de significado na vida. A tendência a organizar e ter controle sobre esses valores é uma ferramenta útil para nossa sobrevivência em sociedade desde o início dos tempos. O significado determina nossos valores, que são as respostas que formulamos para várias perguntas como "Por que existo?", "Qual é o meu propósito?" e que funcionam como uma bússola. Mas precisamos estar cientes deles e definir os que são importantes para nós: liberdade, comprometimento com uma causa, criatividade artística ou científica, fazer o bem? É nesses propósitos que encontraremos a força para agir.

Viver de acordo com esses propósitos permite que você se conecte com seus recursos mais profundos. Foi por pensar em sua filha, em seu papel materno e em seu apreço à liberdade que Betty Mahmoody conseguiu demonstrar essa coragem sobre-humana. Entrar em contato com nossos valores é uma forma de renovar nossa autoconfiança. Esse é um dos fundamentos da Terapia de Aceitação e Compromisso,[10] que faz parte da corrente da terapia comportamental e cognitiva. "A Terapia de Aceitação e

Compromisso usa a conscientização, a aceitação das emoções e o distanciamento dos pensamentos problemáticos para se comprometer, aqui e agora, com comportamentos que nos aproximarão de nossos valores pessoais de vida. Suas principais características são o distanciamento de pensamentos problemáticos, a aceitação de emoções difíceis ou dolorosas e a ação de acordo com propósitos livremente estabelecidos."[11]

## Um caso exemplar

Quando a falta de autoconfiança atua como uma força motriz, ela pode ser um salva-vidas. Vamos conhecer agora história de uma pessoa cuja trajetória é emblemática: Silvia Kahn.

Ela se descreve como um "canivete suíço", que gosta de fazer muitas coisas diferentes e acredita que cada uma de suas atividades se beneficia mutuamente: ela é assessora televisiva (durante muito tempo foi diretora de programas importantes); atriz (atuou em filmes de Claude Lelouch e Stéphane Brizé); escritora (autora do best-seller *Mon ado est un gros naze mais je l'aime*); instrutora de oratória em palestras e programas de TV, sendo essas quatro áreas estão ligadas.

> *"Sempre fui uma garota que se sentia bem consigo mesma, ou pelo menos era assim que as pessoas me viam, porque eu era engraçada, me sentia à vontade com os outros, não era tímida. Eu era muito ruim na escola, apesar de ser filha de pais muito inteligentes e cultos. Minha mãe não se encaixava muito no estereótipo materno, mas era absolutamente incrível: nascida em uma família de classe média em Neuilly, em 1928, ela estudou muito para a sua época e se formou em direito e em literatura na Sciences-Po, tudo isso apesar de ter se tornado órfã aos 6 anos e ter vivido a Segunda Guerra Mundial. Meu pai, por outro lado, veio de uma família muito modesta e provinciana. Ele não estudou, mas foi quem escreveu a primeira novela da televisão francesa. No final das contas, ele era tão culto quanto minha mãe. Ou seja, eu estava presa entre dois pais que liam os jornais eruditos e que ouviam Brahms e Mozart.*
>
> *Quando eu era adolescente, era um grande fã de Mike Brandt e brincava de cantar suas músicas usando minha escova de dentes como microfone.*

*Nessa época, as paredes do meu quarto eram cobertas com pôsteres do tenista Noah. Eu me divertia muito fazendo esse papel de adolescente boba. Acho que meu pai percebeu minha sensibilidade artística, mesmo que nunca tenha me contado, e minha mãe não conseguia não me comparar às minhas irmãs. A que é dois anos mais velha do que eu estava estudando latim e grego. Já a minha irmã mais nova era um prodígio do violino. Então, minha mãe viu em mim uma espécie de fracassada, e eu percebia isso por sua atitude, pelo modo como falava comigo e, sejamos francos, meus resultados escolares também não eram bons."*

## A frase assassina

*"Certa vez minha mãe sugeriu que eu fizesse um curso de datilografia. Eu conhecia minhas limitações, mas o assunto não me atraía, o que eu queria mesmo era me tornar roteirista, diretora, atriz ou cinegrafista.*

*'Mamãe, eu não quero ser datilógrafa de jeito nenhum.'*

*'Filha, presta atenção, você vai ter que fazer esse curso, porque eu não sei nem se você é capaz de ser uma vendedora de loja!'.*

*Essa foi a frase definitiva. Mesmo que você não se dê bem com sua mãe, mesmo que se sinta bem consigo mesma, mesmo que seja ótimo fazer seus amigos rirem, mesmo que tenha um pai que te ame muito e que você viva com conforto, essa frase é muito séria, é uma sentença assassina que pode destruir uma vida. Muitas pessoas passam por isso, mas nem sempre são capazes de se lembrar dela ou de superá-la.*

*Essa frase me destruiu, mas também me deu uma espécie de força. Na época perdi toda a minha autoconfiança e disse a mim mesma por muito tempo: 'Sou uma idiota! Sou uma idiota!', e confesso que repeti isso por mais de 35 anos. Obviamente, eu não me interessava por nada na escola e minhas notas eram péssimas. Eu só queria saber de tênis e Mike Brandt, e o universo intelectual de minha família me intimidava. Então, o papel de idiota era o único lugar que me convinha.*

*Não tenho nada contra datilógrafas ou vendedoras de loja (eu mesma já trabalhei como vendedora em uma loja), mas esse não era meu objetivo.*

*As palavras de minha mãe foram de total desprezo, era como se eu realmente não valesse nada. Algumas pessoas podem desmoronar quando ouvem isso. Olhando para trás, acho que essa frase desencadeou um desejo louco de provar para a minha mãe que ela estava errada. Foi essa frase que me ajudou a passar com notas A e a ser aprovada para a faculdade de psicologia, que era algo de que eu gostava. Portanto, minha mãe pode ter me feito um favor. Nunca contei a ela, pois acho que ela não saberia lidar com isso. Ela estava sinceramente preocupada com meu futuro e não podemos culpar os pais pelos erros que eles cometem, e por isso eu a perdoei.*

*Por volta dos 40 anos, percebi que muitos adultos ao meu redor não tinham autoconfiança, que temiam cometer erros. Percebi que o medo pode causar estragos, que tudo o que eu fazia era sofrido, que a maneira como os outros me olhavam era dura. Eu não tinha nenhuma autoconfiança quando saía para encontrar amigos, e, cada vez que havia alguém com diploma de doutorado na mesa, eu me sentia burra, com medo de não estar à altura se conversássemos sobre algum assunto ou um determinado autor, porque eu não havia lido os livros desse autor. Eu era muito boa em mascarar essa falta de confiança e esse sofrimento, e me safava fazendo malabarismos, mas a verdade é que eu conseguia disfarçar esse medo na hora, porém, depois, ele me causava um grande mal-estar. Esse verdadeiro talento para disfarçar as coisas me fez ter sucesso em tudo o que eu empreendi: nos estudos e até na vida profissional. Algumas coisas me ajudavam muito a seguir em frente. Um dia, um psicólogo me disse me disse que minha filha não tinha nenhuma autoconfiança e fiquei arrasada com essa observação, pois achava que tinha feito tudo o que podia para incutir essa confiança nela. 'Comece tendo confiança em si mesma', acrescentou o psicólogo. Agora que eu era mãe, não estava lutando apenas por mim, mas também pelos meus filhos.*

*Eis que eu trabalhava como gerente de projetos na M6+, um canal de televisão francês, e estava ficando um pouco entediada, quando um dos meus colegas me perguntou por que eu não me candidatava à vaga de diretora. Eu dei uma risada debochada.*

*'Ah, claro, vou entrar no escritório presidente da M6+ e pedir o emprego, que fácil!'. E ela respondeu: 'Bem, então continue entediada e pare de reclamar!'.*

*Três meses depois, voltei a pensar no que ela havia dito. Perguntei se ela realmente estava falando sério. 'Claro que sim. Olha a sua trajetória profissional, a psicologia, os projetos, suas relações interpessoais, a maneira como você vê o mundo ao seu redor, a familiaridade com a empresa, seria algo muito coerente, você tem tudo para ser uma diretora incrível.'*

*Até para mim parece loucura, pois para alguém que não tem autoconfiança o que eu fiz foi chocante, mas entrei na sala do diretor, fiquei na frente dele e, de uma maneira muito assertiva, eu disse algo como: 'Vocês ainda não encontraram alguém para o posto de diretor, mas essa procura acabou, pois a pessoa certa está bem na sua frente, você só não sabia'.*

*O cara ficou maravilhado e, seis meses depois, me deu o emprego. Criei algumas marcas incríveis e programas permanentes, como a revista de decoração com Valérie Damidot, o programa* Recherche Appartement ou Maison *com Stéphane Plaza, programas de estilo com Christina Cordula e* Masterchef *na TF1. Não inventei a vacina contra a AIDS e não há nada de que me orgulhar, mas eu estava feliz. No entanto, quando eu recebia elogios, eu achava difícil aceitá-los. Sempre atribuí meus sucessos à minha equipe, aos apresentadores, aos outros.*

*Entre a M6+ e a TF1, antes de fazer 50 anos, comprei o livro* L'Estime de soi,[12] *de Christophe André e François Lelord, e fiz o teste.'Você tem autoconfiança?'. Os resultados foram um pouco preocupantes e comecei a buscar as ferramentas necessárias. Por exemplo, quando alguém o parabeniza dizendo 'Parabéns, esse programa é sensacional', basta responder 'Obrigada'. Aprendi a aceitar os elogios e a apreciá-los.*

*Aos 50 anos, perdi meu pai, que tinha tido uma vida boa e partira já idoso. Como eu não me dava muito bem com minha mãe, meu pai havia ocupado uma parte importante da minha vida. No dia em que ele morreu, houve um estalo: ele não estaria mais lá para me julgar. E por esse motivo decidi me jogar. Não abandonei meu emprego imediatamente, pois queria cumprir meu compromisso, minhas promessas, entretanto, um ano e três meses depois, deixei a TF1. Eu sabia que queria escrever e atuar, então desenvolvi um roteiro para uma apresentação chamada* Seule et alors?, *subi no palco, apresentei meu show e, de um dia para o outro, passei a ter confiança em mim mesma."*

### Um renascimento

*"Acho que me libertei de meu pai e de minha mãe ao mesmo tempo. Mais tarde, minha mãe leu e fez correções da minha série de livros de humor, elogiou o texto, me parabenizou e tudo isso me pareceu uma loucura. Eu achava difícil acreditar que minha mãe me achava boa, mas foi o que ela disse a alguns de meus amigos, que eu era ótima e que ela admirava tudo o que eu que eu havia conquistado.*

*O fato de subir no palco e se sentir totalmente exposta é algo que me dá confiança; ouvir as risadas é um estímulo extraordinário. Pela primeira vez, percebi que era capaz de fazer uma plateia rir. Depois disso, compreendi: 'Não importa se não sou culta, eu consigo fazer isso'. Assim, eu me libertei da maneira como meus pais me enxergavam, mesmo que, no fundo, ainda me preocupe em ser julgada por não ser uma pessoa erudita. Mas estar no palco é esquecer tudo, é realmente ser você mesma, é mostrar tudo e não se importar se você não é o que sua mãe esperava, e fazer as pessoas rirem é o maior presente de todos, é como fazê-las chorar.*

*Não acho que exista uma única definição de sucesso. É possível ter sucesso sendo pastor, carpinteiro, datilógrafo ou até mesmo vendedora de loja: o principal é fazer as coisas bem e se sentir bem ao fazê-las. Também não acho que o sucesso seja medido pela quantidade de dinheiro que você ganha. Eu me realizei nos muitos cargos que ocupei, mas insisto nesse ponto, o verdadeiro sucesso teria sido encontrar uma vacina para realmente mudar o mundo. Adoro artistas, mas fico impressionado com pesquisadores que fazem descobertas que podem salvar vidas.*

*Acho que as mulheres geralmente têm menos autoconfiança do que os homens, porque elas se questionam o tempo todo. Desde os 3 anos , as meninas já fazem perguntas existenciais.*

*A maternidade pode aumentar a nossa autoconfiança. Se há alguém que lhe dá amor incondicional, que acha que você é linda e maravilhosa, são seus filhos, desde que você se dê bem com eles. É claro que a maternidade também acaba com a nossa carreira de maneiras inimagináveis, e vou confessar algo horrível para vocês: como diretora de uma empresa, é mais provável que eu contrate uma mulher que já tenha filhos crescidos, caso contrário, sei que ela irá tirar licença-maternidade, se ausentará para consultas com o pediatra. É terrível, mas é assim que as coisas são.*

*Sou uma daquelas mulheres que tiveram empregos insanos, eu dirigi revistas, tive responsabilidades surreais, mas me organizei para cuidar dos meus filhos. Eu não ficava no escritório até as nove horas da noite, não queria que eles estivessem dormindo quando eu chegasse em casa, então passava um tempo com eles, os colocava pra dormir e depois voltava ao trabalho. Por sorte, ninguém se importava com meus horários desde que o trabalho fosse feito. Portanto, era um grande esforço de organização da minha parte, mas funcionava. Às vezes, eu saía de férias com meu telefone e computador, deixava as crianças na praia com minha mãe enquanto continuava trabalhando. Nem sempre é possível e são sempre escolhas difíceis, mas continuo convencida de que é possível ter uma carreira como mãe.*

*A feminilidade não deve ser nem uma vantagem nem uma desvantagem no local de trabalho. Quando eu tinha 30 anos, eu me valia de todo tipo de arsenal feminino, mas depois dos 40, é melhor buscar outros meios... Acho que ver a feminilidade como um recurso é uma armadilha."*

## Workshops sobre autoconfiança

*"Voltando à autoconfiança: agora realizo workshops sobre o assunto. Depois de identificar o problema e resolvê-lo, estou em uma posição mais favorável para ajudar outras pessoas e tento identificar a frase que serviu de gatilho para elas. Em uma conversa individual, isso é fácil, mas em um grupo, é mais complicado. Peço aos participantes que escrevam anonimamente sua 'frase assassina' e ao longo do tempo comecei a perceber que ela não vem necessariamente dos pais, mas também de irmãos e irmãs. Por exemplo, 'Clarice só faz burrice!' era um exemplo de rima boba dita por irmãos que amavam sua irmã mais nova, mas que se divertiam ao chamá-la de 'Clarice Burrice'. Ela aceitou o apelido e começou a se tornar a burra da família. Então, estou tentando ajudar essas pessoas a reconstruírem suas vidas, contando minha história para que elas possam se identificar. A empatia é mais natural quando você compartilha a sua própria trajetória.*

*Também acredito que há dois tipos de pessoas: as do tipo 'no doubt', que nunca duvidam de si, e as do tipo 'no trust', que não têm nenhuma segurança em si.*

*E acho que é melhor começar como uma 'no trust' do que como uma 'no doubt', pois quem nunca duvida de si mesmo cometerá erros, mas não aprenderá com eles. Já uma pessoa sem confiança fica tão insegura com a possibilidade de fracasso que se esforçará mais para entender seu erro.*

*Você não pode fazer como eu e permitir que uma frase assassina a defina por trinta e cinco anos. É importantíssimo conseguir se livrar dela para recuperar a força e se empoderar. Portanto, convido aqueles que carecem de autoconfiança a fazer um balanço de suas realizações, a escreverem em duas colunas o que alcançaram versus o que perderam, no que foram fracassados versus no que foram bem-sucedidos. A gente sempre constata que há mais sucessos do que fracassos. Encontre elementos positivos em seus currículos que eles não querem ver ou que tentam minimizar. Então peço que escrevam seus sucessos em uma folha grande e a pendurem em seu quarto. Reconhecer seus sucessos, seus pontos fortes e seu progresso é um grande passo para aumentar a autoconfiança. Você precisa se parabenizar e se sentir bem. Também sugiro que escrevam uma carta de agradecimento à pessoa que os 'maltratou' (mas elas não precisam ler), para se libertarem da frase que serviu de gatilho, para perdoarem e saberem que essa frase fez deles os seres que são, cheios de emoções, desejos e medos. Porque o sofrimento muitas vezes nos torna pessoas melhores.*

*Não ter autoconfiança pode ser uma bênção se você souber como superá-la. É assim que você se refaz. Os irmãos de Clarice Burrice tinham ciúmes dela. Minha mãe achava que eu estava desperdiçando minhas habilidades, e suas palavras eram uma projeção de seus próprios anseios.*

*Não há absolutamente problema nenhum se a autoconfiança não for uma qualidade inata. Você pode ter tido pais amorosos, pode não ter ouvido palavras duras, mas ter tido um parto complicado. Temos que pensar sobre nossos medos, pensar em maneiras de seguir em frente, de nos reconstruirmos, colocar pequenos Band-Aids e termos amor próprio. Todos podemos encontrar em si algo para crescer e se curar."*

## *Ode à vulnerabilidade*

Silvia diz que prefere o grupo "no trust" ao grupo "no doubt", e explica que o grupo sem confiança será motivado a entender os erros cometidos, aceitá-los e fazer algo com eles para dar a si mesmos a chance de evoluir e recuperar um senso de autoconfiança.

Essa também é a opinião de Brené Brown, assistente social e pesquisadora na área de ciências humanas e sociais da Universidade de Houston, e que faz uma verdadeira ode à vulnerabilidade em um de seus livros:

> Considerar a vulnerabilidade como uma fraqueza é o mito mais propagado e mais perigoso. Quando passamos a vida rejeitando nossa vulnerabilidade, quando nos protegemos de sermos vulneráveis ou de sermos percebidos como muito emocionais, sentimos desprezo pelos outros quando eles são menos capazes ou menos dispostos a mascarar os sentimentos. Assim, engolimos nossas emoções e marchamos como um bom soldadinho. Chegamos a um ponto em que, em vez de respeitar e apreciar a coragem e a ousadia que estão por trás da vulnerabilidade, permitimos que nosso medo e constrangimento se transformem em julgamento e crítica. [...] Precisamos cultivar a coragem de nos sentirmos desconfortáveis e ensinar as pessoas ao nosso redor a aceitarem esse desconforto como parte de nossa evolução pessoal.[13]

E, ainda, segundo ela, a vulnerabilidade é categorizada por gênero:

> A vulnerabilidade e a vergonha são emoções humanas profundas, mas as expectativas que levam à vergonha são organizadas por gênero. Para as mulheres, funciona assim: "você tem de fazer tudo perfeitamente sem parecer difícil de fazer", o que é uma definição desastrosa. Para os homens, o importante é não ser percebido como fraco.[14]

## PARA LEMBRAR: 6 DICAS PARA TRANSFORMAR A FALTA DE CONFIANÇA EM UMA FORÇA MOTRIZ...

1. Pratique esportes! (Em todas as fases de sua vida, especialmente durante a adolescência.)
2. Com o tempo, a falta de confiança das mulheres desaparece: elas se aceitam mais facilmente. Mas não espere até os 50 anos para pedir ajuda a um especialista: não se fortaleça com o sofrimento.
3. Pergunte a si mesma qual poderia ser a frase assassina que cortará suas asas. Se você já ouviu essa frase, escreva uma carta de agradecimento à pessoa que a proferiu. Não é necessário

enviá-la. A carta provavelmente vai ajudar você a seguir em frente.

4. Se não tiver sido o caso de uma frase curta (ou se você não se lembrar dela), pegue um pedaço de papel e escreva todas as suas conquistas, tudo aquilo que te dá orgulho. Isso vai te dar uma pequena dose de confiança ("Ah, sim, eu consegui isso!") e te ajudar a se sentir bem.
5. Ouça e cante a música "Bats-toi"*, de Mike Brandt: "Lute, cerre os punhos e enfrente todos que querem impedir você de ser feliz. A vida é uma luta diária, e se você for derrubado às vezes, mesmo que doa, mesmo que você esteja sofrendo muito, levante-se novamente, levante-se novamente!"
6. Examine sua falta de confiança de todos os ângulos, tente identificar as causas e, em seguida, aceite sua vulnerabilidade, abra seus braços e use suas fragilidades para seguir em frente.

*Bats- toi / Serre les poings et bats-t oi / Contre ceux qui veulent / T'empêcher d'être heureux [...] / La vie de chaque jour est un combat / Et si l'on te fait tomber quelquefois / Même si tu as très mal relève-t oi / Relèèève-t oi !

# 7
# As mulheres entre elas

*Cada vez que uma mulher se defende, sem nem saber que isso é possível, sem qualquer pretensão, ela defende todas as mulheres.*

(Maya Angelou)

Desde a infância, somos educadas com as palavras melosas dos contos de fadas e condicionadas a experimentar a rivalidade e o ciúme. A salvação depende dos homens, geralmente um príncipe encantado que vem para nos resgatar. A madrasta da Branca de Neve é uma megera narcisista que morre de inveja da sua enteada. As meias-irmãs da Cinderela agiam de forma abusiva... Como é possível que mulheres confiem em outras mulheres?

Existe uma forma de misoginia feminina que é muito diferente da rivalidade que vemos nos círculos masculinos. Então, como cultivar a autoconfiança quando você não apenas precisa se afirmar em um mundo de homens, mas também precisa lidar com a rivalidade feminina? Aliás, a misoginia feminina é um mito, um clichê ou uma realidade?

## Misoginia feminina: mito ou realidade?

### *Encrenca*

"Se você quiser conhecer a escória do comportamento humano, observe os sentimentos que as mulheres têm em relação a outras mulheres: você vai ficar horrorizado diante de tanta hipocrisia, ciúme, maldade e atitudes baixas"[1], disse Amélie Nothomb. Durante muito tempo, veiculou-se a ideia de que as mulheres tinham ciúmes umas das outras, que falavam mal umas das outras pelas costas e só olhavam para julgar. Que, quando duas mulheres eram sinceras, acabavam numa "encrenca", uma expressão um pouco ultrapassada cuja realidade hoje parece ridícula, até mesmo grosseira.

Essa forma de rivalidade vem de longa data, de uma época em que a única preocupação das mulheres era encontrar um marido. Qualquer donzela que estivesse por perto poderia ser considerada uma rival. A literatura está repleta de histórias de ciúme, principalmente entre irmãs. É o caso de *As sabichonas*, de Molière.

> ARMANDE: E neste mundo não é um fato ignorado
> que Clitandre por mim tenha suspirado.
>
> HENRIETTE: Sim, mas todos esses seus suspiros
> são coisas levianas,
> e você não cai na baixeza humana;
> Seu espírito à virgindade para sempre renunciará,
> e a filosofia todos os seus amores sempre terá:
> Assim, não tendo em seu coração por Clitandre nenhum desejo,
> o que importa para você que eu finja que não vejo?
>
> ARMANDE: Esse império que a razão detém sobre os sentidos
> não nos faz renunciar aos doces do incenso,
> E se pode recusar como mérito um marido
> em vez de um admirador a ser seguido.
>
> HENRIETTE: Eu não impedi suas perfeições
> de continuar suas adorações;
> E apenas tomei, ao sua alma recusar,
> o que a homenagem de sua chama veio me ofertar.[2]

Esse texto é de 1672. Os tempos e os costumes felizmente mudaram, mas algumas atitudes e crenças antigas ainda são comuns até hoje. Três séculos depois, a rivalidade entre irmãs ainda é um problema entre as protagonistas da famosa série *Friends*: no episódio "Aquele com a irmã da Rachel" (episódio 13 da 6ª temporada), a irmã mais nova de Rachel chega a Nova Iorque e fica interessada no ex-cunhado Ross, e Rachel que não consegue imaginá-los saindo juntos. É uma regra tácita, mas imutável: não se fica com duas irmãs.

### *Todas as mulheres são megeras?*

A amizade entre homens é um valor já consagrado na nossa cultura: todo mundo conhece o famoso lema de *Os três mosqueteiros*, de Alexandre Dumas,[3] "Um por todos e todos por um". Também é conhecida a cumplicidade entre Lenny e George em *Ratos e homens*, de John Steinbeck,[4] ou a amizade sagrada entre *O bosque das ilusões perdidas*, de Alain-Fournier.[5] No cinema, desde *Butch Cassidy*,[6] nos emocionamos com *Vicente, Francisco, Paulo e os Outros*,[7] *Un éléphant, ça trompe énormément*[8] e *O coração dos homens*.[9]

Para o equivalente feminino, tivemos que esperar *Thelma e Louise*[10] sair no cinema ou *Confissões de uma gangue de garotas*.[11] Mas as histórias marcantes de amizade feminina vieram mesmo foi nas séries de TV. Em *Sex and the City*[12] (4ª temporada, primeiro episódio), as quatro personagens declaram: "Talvez nossas amigas sejam nossas verdadeiras almas gêmeas e os homens sejam apenas pessoas com quem nos divertimos".

A série causou um grande impacto não apenas porque as mulheres estavam falando pela primeira vez sobre desejo e sexo, mas também porque retratava personagens autoconfiantes. Apesar de uma busca pelo amor, às vezes, desesperada, acima de tudo o que se via era uma versão cativante da amizade feminina:

> O que permitiu que *Sex and the City* conquistasse tantas mulheres foi a maneira como a série destacava a amizade feminina. Pode até parecer

> contraditório, já que o objetivo delas é encontrar um bom homem, mas a história é apaixonadamente idealista sobre como as mulheres podem demonstrar amor incondicional umas às outras.[13]

Apaixonadamente idealista, intensamente otimista ou involuntariamente realista? A dor da amizade nos machuca tanto quanto a dor do amor. Nem todas as mulheres são megeras invejosas; elas geralmente se apoiam, se valorizam e se gostam de verdade.

Lena Dunham, a criadora de *Girls*, foi criticada por ter criado personagens que perpetuam o estereótipo da fragilidade da amizade feminina. Na série, ela apresentou uma relação cansativa, narcisista e entediante, e a última temporada acabou reforçando crenças tóxicas sobre falsidade entre mulheres. Uma jornalista britânica considerou a série como um retrocesso:

> *Girls* poderia ter sido uma oportunidade de mostrar a verdadeira importância da amizade entre as mulheres: o papel crucial que nossas amigas desempenham em nossas vidas, os altos e baixos, a maneira como a relação evolui ao passar dos anos, indo desde a intensidade da adolescência até os relacionamentos mais serenos, mas ainda assim afetuosos, do final dos nossos vinte anos e até a casa dos trinta. Mas, em vez de fazer isso, *Girls* reduziu a amizade feminina aos seus piores estereótipos: egoísmo, narcisismo, o desejo de jogar outras mulheres debaixo do ônibus sempre que se trata de competir por um homem.[14]

### *O veneno perigoso da comparação*

A comparação excessiva com os outros é um péssimo hábito que contribui para destruir a nossa autoconfiança, uma das vozes interiores mais destrutivas. O ato de se comparar aos outros pode gerar um sentimento de superioridade ("Sou melhor do que você"), mas também de inveja, o que causa queda na autoestima. Na maioria das vezes, a comparação gera emoções perturbadoras, estabelecendo um limite entre "nós" e "o resto". A comparação nos isola em um processo no qual às vezes nos asseguramos falsamente de nosso próprio valor ("Eu sou muito melhor do que ela", "Ela é melhor do que eu") e no qual, na maioria das vezes, nos inferiorizamos. Na verdade, acabamos projetando nossas críticas negativas aos outros ("As pessoas acham que não tenho nada de interessante a dizer", "Sou feia").

Quem nunca se comparou que atire a primeira pedra! Você chega a uma festa, vê uma mulher muito bonita para os padrões masculinos, seu namorado também a nota, e imediatamente o veneno da comparação começa a se espalhar pelo seu cérebro.

## TRÊS REMÉDIOS CONTRA O VENENO DA COMPARAÇÃO

1. Em vez de se comparar, torne-se sua melhor amiga, crie um profundo laço de amizade consigo mesma. Querer o melhor para sua amiga significa ser generosa e exigente, mas sempre gentil.
2. Adote mantras de auto perdão: "Perdoe-se, dê o melhor de si, reconheça suas conquistas, não se machuque".
3. Cerque-se de pessoas que você admira, que você sabe que não te julgarão, mas que, pelo contrário, olharão para você com bondade. E mantenha distância daquelas pessoas que nos fazem duvidar, como foi o caso de Marine, que conheceremos agora.

*Marine tem 29 anos, trabalha com TI e nunca havia se importado muito com sua aparência, até se casar. Com 1,75 metros, ela veste tamanho 40, e seus cabelos castanhos estão sempre presos em um rabo de cavalo. Marine tem olhos cheio de vivacidade e gosta razoavelmente de moda, mas desde a faculdade ela se veste basicamente do mesmo jeito, com jeans e camisetas. Ela se apaixonou por Victor, também da área do TI, e eles logo se casaram. A irmã de Victor não resistia em criticar Marine.*

*"Ela fazia comentários constantes sobre minha aparência, sobre meu estilo, que era muito casual, pouco feminino, sem maquiagem e saltos, eu era*

*muito rechonchuda para o gosto dela. Acabei passando a me achar gorda. Comecei a fazer muitos exercícios, a fazer dieta. Ela, que era esquelética e sofria de ortorexia, me dava conselhos nutricionais. Como sou educada, eu a deixava falar, mas evitava encontrá-la, pois quando Victor não estava por perto, ela era muito desagradável. Tivemos uma menina há quatro anos e ela começou a criticar minha filha. Acabei falando algumas verdades para ela. Victor entrou na briga e disse que, se ela quisesse continuar vendo a sobrinha, teria de parar de ficar criticando. Levei cinco anos, mas consegui me libertar de seu olhar negativo. Não posso deixar de vê-la, mas a ignoro e fico atenta quando ela está perto da minha filha. E Victor está sempre do meu lado."*

A irmã de Victor tem um problema e acaba o projetando na cunhada. Esse problema distorce sua visão e faz com que ela olhe para as outras mulheres com ressentimento. Não nos compararmos é a chave para a sabedoria, evitando frustrações e relacionamentos falsos. Felizmente, temos amigos na vida com quem nos sentimos confiantes. Mas e na esfera profissional?

## Mulheres no trabalho

### *Não exponha sua fragilidade*

Agora vamos conhecer a história de Anne, uma mulher esplêndida de 60 anos, já aposentada.

*"Sempre tive problemas com mulheres no ambiente de trabalho. A primeira experiência ruim foi aos 27 anos, em uma agência de publicidade em Paris, em que trabalhei como gerente de projetos sob a direção de uma mulher muito bonita, mas terrível, na casa dos 50 anos. Quando percebem que você é fraca e vulnerável, as mulheres com poder se aproveitam disso. Há pouca ou nenhuma solidariedade, em primeiro lugar porque se trata de um ambiente competitivo, mas também porque a baixa autoconfiança faz com que você se deixe esmagar – e isso sempre aconteceu comigo. Por exemplo, quando você*

*entrega uma proposta de comunicação sem muita confiança, sem se garantir, quando fala com a voz hesitante, você transmite a dúvida para a pessoa que está no comando. Lembro-me de colegas que eram capazes de inventar problemas para vender soluções, e conseguiam. Essa diretora queria manter seu emprego, sua posição, e segundo ela alguém tão frágil como eu enfraquecia a equipe, especialmente na área da comunicação, em que precisamos ser sagazes. Eu me deixava atropelar até que alguém viesse me salvar. Sempre fiz isso. Não aprendi com essa experiência.*

*Alguns anos depois, mais uma vez confrontada por uma mulher com quem eu tinha de trabalhar, pedi demissão. Sequer enfrentei a situação. Esse padrão se repetiu várias vezes. Minha última experiência profissional foi com uma mulher que gostava de mim. Era uma mulher de negócios, com poder e dinheiro, e eu errei em não me impor. A parceria durou sete anos, mas depois ela começou a me rebaixar, então decidi ir embora. Talvez eu não tenha me afirmado antes porque queria manter meu emprego, cumprir meu propósito. Eu sempre tive medo de perder o emprego, é sempre o medo que domina e certamente foi um sentimento transmitido por meus pais."*

A educação que Anne recebeu contribui muito para entendermos sua falta de autoconfiança. O histórico familiar de desenraizamento, que levou a uma perda de identidade, ajudou a gerar esse sentimento de vergonha, que Anne absorveu inconscientemente. Foram muitos fatores que, com linhas tênues, a impedem de encontrar a si mesma.

*"Nasci em um contexto familiar e social que não ajudou na construção de uma autoconfiança. Primeiro, foi o exílio: saí do meu país aos 4 anos em condições difíceis, com pais que perderam tudo. Meu pai era frágil, ficava doente com frequência; acho que culpamos muito as mães, mas um pai forte é importante. E minha mãe, que era autoritária e controladora, me ensinou a ter medo de tudo. Ela falava frases como: 'Você vai conseguir...?', o que equivale a dizer: 'Você é incapaz de...'. Não havia ninguém para me apoiar, nem pai, nem mãe. O fato de ela ser mais forte do que meu pai*

*provavelmente desempenhou um papel mais tarde, em minha maneira de lidar com as mulheres. Portanto, eu me arrependo, mas ao mesmo tempo não sabia o que fazer. Vivíamos no interior e terminei o Ensino Médio com 17 anos: ir para a universidade nessa idade é uma loucura (mais uma vez, culpa da minha mãe).*

*No final, estudei algumas coisas interessantes, mesmo que não tenha sido uma escolha pessoal, permitindo mais uma vez que minha mãe tomasse as decisões por mim. É por isso que o ambiente familiar é importante. Os pais devem nos orientar, mas às vezes eles acabam nos limitando.*

*Comecei a fazer terapia aos 50, mas já achei que era um pouco tarde para me distanciar da minha família.*

*Olhando pra trás, embora eu tenha tido algumas experiências ruins, acho que as mulheres são muito boas umas com as outras e que eu errei algumas vezes. É preciso saber como conversar e as mulheres são interessantes mesmo que seja mais fácil trabalhar com homens, porque há menos concorrência, e nesse caso a gente não concorre com eles."*

A mãe de Anne passou para ela suas próprias crenças e medos (será que ela também não tinha autoconfiança?) em vez de valorizar a coragem e a ousadia da filha. Como resultado, Anne não conseguiu extrair força nem do pai nem da mãe. Um sentimento de vergonha e inadequação cresceu dentro da menina, ilustrado por estratégias de retraimento nas quais ela não conseguia se afirmar ou seguir em frente de acordo com os próprios desejos. Apesar de tudo isso, Anne terminou com uma nota positiva sobre as mulheres, refletindo um certo apaziguamento em relação ao papel de seus pais.

### Competição e rivalidade

A autora e professora de estudos de gênero Susan Shapiro Barash faz questão de fazer uma distinção entre competição e rivalidade.

> Na competição, temos consciência de nosso próprio valor e medimos nossas habilidades e nossos pontos fortes em relação aos da outra pessoa, seja homem ou mulher. A rivalidade não se baseia na força, mas no medo

> de ser suplantada pela outra mulher, seja no amor ou no trabalho. Ela é ambígua e ainda mais insidiosa, por ser inconsciente [...]. Muitas vezes, quando uma mulher chega ao topo da hierarquia, ela já passou por tanta coisa que, em vez de demonstrar solidariedade às companheiras, ela prefere ficar sozinha na companhia dos homens, para se beneficiar de todo o poder e das dinâmicas de sedução.[15]

A autora também nos adverte contra algumas de nossas atitudes: "Toda vez que comemoramos a queda de uma mulher poderosa, transmitimos a nós mesmas a mensagem de que o poder é algo ruim e que não devemos desejá-lo". De fato, isso serve para perpetuar a falta de autoconfiança das mulheres. É a síndrome da abelha-rainha (de acordo com um estudo da Universidade de Michigan que causou alvoroço na década de 1970): diz-se que seu poder na colmeia é incontestável. Na verdade, não se trata tanto do desejo de reinar, o desejo de fazer os outros sofrerem tanto quanto você ou um medo de perder sua posição, mas, sim, o resultado do padrão duplo que ainda prevalece em algumas empresas. Quando um homem é considerado confiante, a mulher é considerada arrogante. Um homem pode se declarar feminista, mas uma mulher será rotulada de militante ou até mesmo de histérica.

Frédérique Clavel, fundadora e presidente da Fincoach, uma empresa do ramo financeiro, também é testemunha dessa rivalidade que acontece quando as mulheres chegam ao topo:

> *"Há pouquíssimas mulheres no topo da pirâmide. Graças a uma lei francesa de 2011, que estabelece a representação igualitária entre homens e mulheres nos conselhos de administração, vemos mais mulheres na esfera política, mas pouquíssimas nas estruturas operacionais das empresas, e as poucas das que chegaram ao topo da pirâmide se viram obrigadas a jogar com as armas dos homens. Conheci uma ou duas mulheres no mundo do capital de investimento que sacrificaram suas vidas pessoais para chegar lá e achavam normal que os outros tivessem que trabalhar tanto quanto elas*

*para ter sucesso. Outras têm a inteligência de serem inclusivas, como Christine Lagarde, que já era uma excelente gestora quando um de nossos projetos surgiu. Aquelas que sacrificaram suas vidas privadas não são as mais gentis com outras mulheres, e é por isso que o equilíbrio é tão importante."*

Chloé tem 26 anos e trabalha em uma grande agência de marketing digital. Pela primeira vez ela ficou chocada com as atitudes das mulheres em relação umas às outras no local de trabalho.

*"Quando trabalho com mulheres, dentro da agência, na maioria das vezes formamos uma bela equipe: há muita comunicação, muita colaboração e compreensão se alguém estiver passando por um momento difícil. Nós estamos lá para nos ajudar mutuamente. Trabalhamos duro, mas é um ambiente de agência, e se quisermos é possível fazer home office. É bastante flexível. Conversamos sobre nossos namorados e nossas vidas pessoais, sem muitos julgamentos. Minha chefe é viciada em trabalho, mas, apesar de exigente, é uma pessoa justa e está sempre lá para me dar suporte em qualquer problema. Sei que não posso vacilar, mas estou aprendendo muito com ela.*

*Assim que fechamos contrato com nosso maior cliente, uma multinacional, essa dinâmica mudou. É claro que o cliente tem um certo poder sobre nós: é ele que nos paga, que decide o futuro dessa parceria e a agência depende dele. Acontece que esse cliente também é um grupo formado exclusivamente por mulheres: são cinco, todas chefes de cada departamento, todas entre 40 e 50 anos, além de dois trainees com quem não trabalhamos diretamente.*

*Nessa posição de poder, as mulheres lá são particularmente difíceis: o espírito de equipe desaparece. No início foi um choque para mim, em primeiro lugar, porque é meu primeiro emprego em um cargo de responsabilidade, como gerente assistente diretamente subordinada à chefe que atende a essa multinacional, e, em segundo lugar, porque eu não esperava isso de mulheres. Eu fui ingênua.*

*A atitude delas consiste em nos fazer entender que o que estamos fazendo nunca é bom o suficiente: elas estabelecem prazos insustentáveis, fazem comentários muito negativos, e, quando conseguimos fazer tudo no prazo, não há reconhecimento algum. Nunca. Apenas a ausência de comentários, que interpretamos como um sinal de satisfação. É um pouco confuso, não posso dizer que estamos em um clima de confiança: preciso estar atenta em todas as negociações. Copio todo mundo, mesmo em trocas de e-mail sem importância. Como consequência, me tornei um pouco 'paranoica' e precisei adotar uma atitude muito fria, sem mostrar tanto meu lado humano, agindo um pouco como um robô.*

*Acho que elas tentam ser 'fêmeas alfa', pensando que isso lhes dá um tipo de autoridade, dá mais presença. Eu esperava mais solidariedade. Pensava que talvez, como somos todas mulheres, haveria mais gentileza, mais coração... Na verdade, é muito político, elas me dão a impressão de que só estão jogando estrategicamente para promover suas respectivas carreiras. É só isso. Ao menos é o que sinto.*

*Tenho outro cliente com o qual estou trabalhando diretamente desta vez, que é menor do que a outra empresa, embora tenha uma grande participação no mercado. E agora estou lidando com uma equipe só de homens. Eles não são exatamente gentis e às vezes podes ser meio brutos, mas mesmo que às vezes dê um pouco de medo, não é um medo que me faça perder a confiança em mim mesma. Não sinto que eles vão puxar meu tapete ou falar pelas minhas costas. Com a gerência sênior da minha conta principal é como uma 'dança', todos nós dançamos conforme a música: o que vamos dizer? Como vamos dizer? E todos se posicionam para proteger seus interesses.*

*Acho que, se tivéssemos um homem em nossa equipe, isso mudaria muito a dinâmica, tanto na agência quanto para o lado deles. Minha teoria é que essas mulheres em posições mais altas provavelmente tiveram de lutar muito, porque todas elas são muito bem-sucedidas em suas carreiras. Por serem minoria, precisaram adotar um mecanismo de defesa constante para estabelecer seu poder e se afirmar. Elas não jogam no meio de campo ou como parte de uma equipe, não ajudam as outras mulheres. Talvez não tenham recebido nada de mão beijada e não saibam como oferecer ajuda? Atingiram um certo nível de poder e de tomada de decisão, mas não acho isso muito inspirador. No entanto, continuo sendo otimista, pois esta é apenas minha primeira experiência de trabalho com um grupo muito grande, no qual só há mulheres. Há um longo caminho a percorrer e tenho a esperança de um dia trabalhar com mulheres fortes e bem-sucedidas que não sejam cegamente competitivas. O mundo está mudando e nós também! Continuo confiante."*

Chloé está crescendo em sua carreira e é uma jovem cheia de energia e vivacidade. Ela tem vivido uma experiência multifacetada no trabalho: por um lado, há o ambiente colaborativo dentro da agência, no qual a ajuda mútua faz parte da forma de trabalhar e todos estão unidos em um objetivo em relação ao cliente; por outro lado, há o ambiente por trás das famosas instalações de um arranha-céu de vidro, no qual ela presta contas ao alto escalão do cliente e as relações comportamentais são diferentes. A linguagem corporal e a atitude das gerentes seniores criaram uma imagem masculina de poder e autoridade que ela não esperava ver. Chloé deve ter visto todas essas interações por meio de uma lente padronizada e inconscientemente enviesada, vendo as mulheres à sua frente como difíceis e autoritárias, nada gentis. Com isso, ela se junta à maioria de pessoas que julgam negativamente as mulheres em cargos de liderança: não são simpáticas, fogem demais da norma e não oferecem apoio ou incentivo. Como Chloé bem observou, essas mulheres mais experientes tiveram de batalhar contra os obstáculos impostos pelo gênero e, como acontece com frequência, batalharam duas vezes mais para provar sua credibilidade e seu valor. Escolheram a competência em vez da popularidade e ilustram perfeitamente a noção de dois pesos e duas medidas. Esse encontro de gerações destaca a dicotomia obsoleta que ainda aprisiona as mulheres, sejam elas jovens ou velhas.

### *A polarização da liderança feminina*

Demonstrar autoconfiança e se afirmar sem se preocupar com o julgamento dos outros é uma atitude muito comum entre homens. Por outro lado, esse comportamento é condenado nas mulheres, a menos que elas ajam com doçura. A relação com o poder e com a liderança é vista sob uma perspectiva de gênero e se reflete na maneira ambivalente como as mulheres veem umas às outras e sua posição em um mundo ainda dominado pelos homens. Muitas mulheres são autoconfiantes: agem de maneira competitiva, firme e direta, adotando comportamentos que expressem certa autoridade (cabeça erguida, presença total, ombros abertos, linguagem corporal equilibrada etc.), mas muitas também se retraem por medo de serem rejeitadas e vistas como arrogantes, mesmo que essa retração signifique serem vistas como incapazes de atuar em altos cargos.

Com muita frequência, os sentimentos mistos sobre sucesso e autoafirmação são uma experiência penalizadora que mina a autoconfiança. O fato de sermos herdeiras de uma linhagem de mães, avós e bisavós que foram ensinadas a permanecer "em seu lugar", a ser recatadas e a "edificar o lar", colocando as necessidades dos outros acima das suas próprias, torna as coisas mais difíceis para a mulher de hoje, que recebe décadas de dúvidas sobre si mesma. É por isso que as profissionais em posição de liderança estão sempre sujeitas a julgamentos polarizados. Elas são muito autoritárias ou gentis demais. Nunca estão totalmente certas.

Isso corresponde ao conceito de *double bind* ou "duplo vínculo" que o antropólogo, psicólogo e cientista anglo-americano, Gregory Bateson, introduziu na psicologia: trata-se do resultado de imposições conflitantes que ele expressou da seguinte forma: "Você está condenado se fizer e está condenado se não fizer". Muito autoritário ou muito gentil...

### *A representatividade das mulheres no poder*

Embora haja uma falta de autoconfiança entre as mulheres que trabalham sob o comando de outras mulheres, por outro lado, ser gerente, diretora ou presidente de uma grande empresa funciona como um modelo, uma lição de como acreditar em si mesma e encontrar seu caminho. A presença feminina em cargos importantes deixa uma marca de inspiração e, indiretamente, valida a crença de que é possível almejar alto e ter sucesso. Comportamentos a serem desenvolvidos nas mulheres, como saber negociar um salário ou uma promoção sem medo, ou como se impor em uma reunião etc., são "audácias" incorporadas nesses modelos femininos inovadores e inspiradores. Elas são verdadeiros exemplos do aspecto colaborativo da liderança. Essas mulheres estão se tornando cada vez mais numerosas. É o caso de duas marcas que são bastiões da masculinidade e que arriscaram e apostaram nas mulheres, como Laura Schwab no comando da Aston Martin e Maggie Timoney na Heineken.

A escritora Rebecca Solnit acredita que a chave para mudar o mundo começa com a reescrita dos contos de fadas: isso permitirá que as mulheres se libertem de narrativas limitadoras. Em seu último livro,[16] ela revisita um dos grandes contos sobre a rivalidade feminina, o de Cinderela e de suas irmãs adotivas. Ela as liberta das apostas de sedução e poder, de um destino sujeito às normas vigentes, ao mesmo tempo em que respeita seus valores mais profundos. Solnit lhes confere assim uma nova definição do que é uma vida plena. As ocupações e aspirações mudam, e todos encontram seu lugar. A varinha mágica da autora faz com que os estereótipos sufocantes sejam coisa do passado.

Agora vamos conhecer Isabelle, 50 anos, formada na renomada Sciences-Po e que trabalha como diretora de marca no setor de artigos de luxo. Dessa vez, a rivalidade era com uma chefe a quem faltava autoconfiança.

> *"Tive problemas com rivalidade feminina em minha carreira, especialmente em um cargo em Londres, com uma diretora que me contratou e depois tentou me demitir porque percebeu que tinha menos experiência do que eu. Ela se sentiu ameaçada, achando que eu iria ofuscá-la e tomar seu emprego. Eu não estava de forma alguma tentando tomar o lugar dela: na época, eu havia deixado claro que não queria deixar a Inglaterra. No entanto, ela fez tudo o que podia para tornar minha vida um inferno e fazer com que eu pedisse demissão. E conseguiu! A experiência durou quase três anos.*

*Durante os primeiros seis meses, quando ela percebeu que os superiores me elogiavam e admiravam minha gestão e meu desempenho, ela me pressionou indiretamente por meio do responsável pelos negócios na Europa e no Oriente Médio, contando a ele sua versão da história. Como ele não me conhecia, foi fácil convencê-lo: 'Cabe a você fazer com que ela saia, já que você se tornou o superior direto dela'. Para me depreciar, me impuseram um plano de redesenvolvimento de três meses..., mas ele decidiu auditar meu trabalho, entendeu que não havia problema com minha gerência e percebeu o que ela dizia. Fiquei em paz por quase dois anos.*

*Infelizmente, ele deixou a empresa e ela assumiu um cargo ainda mais prestigiado, indo trabalhar com um novo diretor e criando os mesmos problemas e tensões. Como ele não estava à altura do cargo, ela possuía alguma influência sobre ele. Na segunda fase de sua ofensiva, foi muito difícil contra-argumentar abertamente, porque ela estava usando essa pessoa que havia se tornado meu superior direto.*

*Sua falta de autoconfiança foi claramente fatal para mim. Ela havia entrado no cargo por um motivo político, não necessariamente por causa de suas habilidades. Isso foi demonstrado em várias ocasiões, em que ela se cercou de pessoas menos qualificadas para ser a única a brilhar, ao mesmo tempo em que eu estava procurando pessoas brilhantes para formar minhas equipes.*

*Não acho que um homem teria sido mais frontal e não deixaria as coisas chegarem aonde chegaram. Ela esperou o momento certo para puxar meu tapete e se vingar. Os homens também se sentem ameaçados, mas notei que eles agem de forma diferente: tendem a atacar de forma mais direta.*

*Recentemente, tive uma experiência oposta, com uma CEO brilhante. Eu não necessariamente confiava 100% nela, mas ela era capaz de aceitar críticas e não tinha aquele lado hipócrita de algumas mulheres que apunhalam você pelas costas. Com inteligência e integridade, ela sabia como ouvir e julgar. Reconhecia que as coisas que lhe passavam despercebidas e falava francamente sobre elas. Ela tinha autoconfiança suficiente para ter dúvidas. Eu também gostava dessa falta de filtro, que pode parecer desconcertante, especialmente em uma mulher, mas que na verdade dava a ela uma integridade que eu não via com frequência nesse ramo, especialmente entre as mulheres."*

## *O conselho de Isabelle para superar esses desafios*

### UMA AVALIAÇÃO DE COMPETÊNCIAS

Uma maneira fantástica de recuperar a autoconfiança é fazer uma avaliação de competências depois de quinze anos de carreira. Isso permite que você veja onde está agora, tenha uma visão distanciada do trabalho que fez e possa dizer a si mesma: "Consegui tudo isso! Nada mal!". Nem sempre nos damos conta disso, e a avaliação nos ajuda a nos posicionar, a recuperar nossa confiança ou a confirmar nosso nível de habilidades.

### Mentoria para ajudar os outros a progredir

Eu ofereço mentoria, não necessariamente para mulheres: se encontro jovens que têm a capacidade de progredir, eu os incentivo. Homens ou mulheres, não importa, estou mais interessada na pessoa. No setor de luxo, conheço muitas mulheres jovens. Gosto de ajudá-las a evoluir na carreira, fico feliz em ver que elas tiveram sucesso e que eu lhes dei a primeira chance. Em saber que, anos depois, irão me agradecer por terem dado o primeiro passo, por eu as ter dado autoconfiança. É um prazer imenso e faz sentido.

Uma mulher em ambientes masculinos pode sofrer estigmas, ser fonte de discriminação, especialmente se tiver uma voz aguda. A historiadora Christine Bard nos lembra que Ségolène Royal passou por uma reeducação com especialistas para diminuir seu registro vocal. Como se qualquer coisa que lembrasse o feminino em lugares de poder fosse excludente, como se você tivesse que apagar suas características femininas para se encaixar.

Já é bastante difícil ser uma mulher nesses ambientes, e se ela transmitir códigos femininos, como a voz ou a maneira de se vestir, isso também será contado como uma desvantagem. Nada mina mais a nossa autoconfiança do que a feminilidade sendo o tempo todo evocada, seja em referência à nossa voz ou a qualquer outra coisa que desvie a atenção da nossa competência e a coloque em dúvida. Apesar de tudo isso, a historiadora nos mostra mais nuances sobre o relacionamento entre as mulheres:

> Ainda há um longo caminho a percorrer, mas acho que existem bolhas de sororidade, alguns microuniversos formais ou informais. Há muitas mulheres que se reúnem para ajudar umas às outras em momentos de dificuldade, que ouvem umas às outras, seja simplesmente entre amigas ou em associações de cujo objetivo é cultivar a sororidade. Há um número enorme de mulheres que mantêm a vida comunitária, como em permutas de serviços.

## As origens da rivalidade

### *Será que tudo isso tem origem no relacionamento entre mãe e filha?*

Se não for uma questão de inaptidão para o próprio trabalho, as mulheres com dificuldades em trabalhar sob a liderança de outras mulheres podem ter dificuldades em relação à própria autoridade ou, como aconteceu com Anne, ter problemas mais profundamente enraizados na infância. Muitas hipóteses entram em jogo. No relacionamento entre mãe e filha, pode se desenvolver um vínculo excessivamente fusional do qual a filha tentará se libertar, se a mãe permitir. Esse relacionamento geralmente é complexo e atravessado por ambivalências: a filha pode se sentir esmagada pelo modelo materno, seja por sua autoridade ou por seu sucesso. Encontrar seu lugar e manter a distância certa da mãe para fazer suas próprias escolhas pode ser uma tarefa para toda a vida. De acordo com Annick Houel, autora do livro *Les Rivalités féminines au travail*:[17]

O que está em jogo na relação com uma chefe mulher é a associação à autoridade materna. No mundo do trabalho, muitas mulheres rejeitam a chefe mulher, que reativa a figura arcaica da mãe todo-poderosa. Elas aceitam de um superior masculino o que não toleram de uma superior feminina. Costumam dizer que, em caso de conflito, vão se "refugiar" em um colega homem porque é mais fácil.[18]

### A integração do modelo masculino

A outra explicação para essa rivalidade é, mais uma vez, sócio-histórica. Trata-se, acima de tudo, de uma questão de hábito: a rivalidade entre os homens no local de trabalho é normalizada, quase saudável, ao passo que entre as mulheres é estigmatizada e retoma o clichê ultrapassado da "rinha de galos".

Além disso, é preciso admitir que algumas mulheres demonstram total falta de *fair play* em relação às suas colegas. Isso acontece porque elas acham que, se você quiser entrar em um ambiente masculino, terá de adotar os códigos desse ambiente. No mundo corporativo, ao adotarem inconscientemente as normas masculinas, as mulheres podem ser vistas como verdadeiros lobos para as colegas, que internalizaram a misoginia como um dado lógico após séculos de machismo e décadas sendo julgadas inferiores aos homens. Portanto, é natural que às vezes algumas mulheres adotem comportamentos masculinos, que fiquem do lado dos homens para que não precisem ser vistas como "fracas" ou "inferiores" e que julguem outras mulheres como possivelmente "fracas". O comportamento masculino misógino é perpetuado e performado por elas, às vezes, até em excesso.

É isso que Danièle Kergoat, socióloga do trabalho, explica:

> A dominação masculina é tão internalizada pelas mulheres que elas se enfraquecem. Elas se negam como um gênero desvalorizado e com falhas.[19] Essa misoginia por parte das mulheres pode, portanto, ser analisada como uma

forma de autodefesa. Em resumo, a misoginia feminina é "desprezo pelo eu, enquanto a misoginia masculina é desprezo pelo outro".[20]

Como fazer a voz feminina ser levada a sério sem alterar seu timbre ou essência e sem falsa modéstia? Como vimos anteriormente, a autoconfiança vem da franqueza sobre quem você é. Sem imitar os homens ou adotar uma postura necessariamente masculina, ou mesmo atuar de acordo com a divisão masculino/feminino. Em vez disso, precisamos nos conhecer e, na medida do possível, permanecer fiéis a nós mesmas, para que possamos alcançar o autorrespeito, que é essencial para nossa integridade como seres humanos.

## A era da solidariedade entre as mulheres

Martine Abbou é uma embaixadora das redes de mulheres. Ela fundou a Wimadame, "a rede de mulheres empreendedoras de suas próprias vidas", que é uma rede social e uma mídia para promover o empreendedorismo feminino. Para ela, a solidariedade precisa ser construída, e há muito trabalho a ser feito! Nós a conhecemos ao longo do desenvolvimento do projeto deste livro.

> *"Os homens sempre existiram no modo coletivo: eles vão juntos a jogos de futebol ou ao bar, enquanto há muito tempo as mulheres vivem em casa, no círculo restrito de sua família. Dessa maneira, desenvolveu-se uma forma de fraternidade entre os homens. As mulheres precisavam se atualizar, necessitavam se reunir para quebrar a solidão e compartilhar suas experiências profissionais e de empreendimento. Enquanto escrevo este texto, constato que já existem mais de quinhentas redes de mulheres na França.*[21] *Tenho a impressão de que, se houver duas mulheres competindo, elas vão se enfrentar com o objetivo de se manter no poder, mas, se houver cinco ou seis mulheres, elas formarão uma equipe unida. Não pretendo idealizar essa nova sororidade, pois ainda há muito trabalho pela frente, mas pouco a pouco essa ideia vai se ajustando, é só uma questão*

*de tempo. A maneira como administramos mudou muito nas últimas décadas, e graças à internet."*

*Essas redes de hoje refletem um desejo de autonomia, de expressão: a vida se resume a conhecer novas pessoas. Em mim, sempre houve uma espécie de militância latente. Eu estava cheia de projetos, queria ser um exemplo para minhas filhas, para que elas estudassem e não se limitassem a estereótipos. Foi quando, em 2000, conversei com uma amiga brilhante que trabalha em uma empresa de recrutamento, e ela me convidou para o Women's Forum em Deauville, um evento para o qual vieram pessoas de todas as partes do mundo. Conheci as mulheres que estavam à frente da Force Femmes, uma rede incrível que ajuda as mulheres a criarem seus próprios negócios. E foi aí que tudo se encaixou: algo estava se formando e eu senti uma espécie de despertar entre as mulheres.*

*Ao sair, liguei para minhas amigas e contei a elas sobre meu sonho de criar uma rede para mulheres que não têm redes. Talvez eu fosse ingênua, mas acreditava profundamente que se a vida das mulheres melhorasse, a dos homens também melhoraria. É tudo uma questão de equilíbrio. Então, reuni um grupo de amigos, homens e mulheres. Eu tinha um catálogo de endereços, mas um catálogo de endereços não é uma rede. Organizei um prêmio para toda a Europa, que teve alguma resposta, e foi assim que nasceu o Wimadame em 2001.*[22] *Fiz cursos para me atualizar no mundo digital, pois eu queria um meio de comunicação que desse voz às mulheres, empreendedoras e talentosas que não tinham uma rede, mas que tinham algo a dizer, para que pudessem se reunir para discutir questões e criar alianças. E, pouco a pouco, a Wimadame se tornou um eco do que as mulheres têm a dizer e também com o objetivo ajudar as mulheres em três áreas: capacitação, equilíbrio e confiança."*

## Conclusão

Falaremos sobre algumas figuras que servem como exemplos femininos no Capítulo 10. Enquanto isso, não se sinta culpada! Se você sente que está sempre no limite, é porque o mundo está sempre exigindo mais das mulheres, inclusive de maneira contraditória: "Mantenha uma postura masculina para se posicionar!", "Não deixe de fazer isso com gentileza!"...

No fundo, as mulheres têm medo do julgamento social que provavelmente enfrentarão. Como você pode encontrar a quadratura do círculo quando é uma jovem mulher cheia de energia que está entrando no mercado de trabalho? Como ter autoconfiança quando outras mulheres se sentem ameaçadas por sua própria existência?

Como vimos, a misoginia não se restringe aos homens. Algumas mulheres se detestam porque não têm autoconfiança, porque se comparam constantemente, porque têm medo de não serem a favorita. No amor, isso se traduz em ciúme; no trabalho, em abuso de poder e atitudes problemáticas. E sempre foi assim.

Delphine de Girardin, uma escritora francesa do século XIX, que se reunia em salões literários com Balzac, Victor Hugo e Lamartine, ousou afirmar: "Há apenas uma maneira de elogiar uma mulher, que é dizer muitas coisas ruins sobre sua rival". Uma péssima imagem sobre as mulheres.

Precisamos acabar com mitos e crenças, parar de reduzir as mulheres a papéis de sedução, beleza ou rivalidade na esfera privada e a papéis de megera ou à figura materna na esfera profissional. Que estabeleçamos relações fraternas que não sejam justificadas pelo gênero (uma mulher não é competente só porque é mulher), mas que levemos em conta suas habilidades da mesma forma que fazemos com um homem.

Como diz a ícone feminista Gloria Steinem: "Precisamos formar famílias alternativas, pequenos grupos de mulheres que se apoiam, que conversam com frequência, em que podem trazer suas verdades e suas experiências e sentirem que não estão sozinhas. Isso faz toda a diferença".

## PARA LEMBRAR: 4 DICAS PARA VIVER MELHOR ENTRE AS MULHERES

1. Pare de esperar que as mulheres sejam mais gentis, delicadas e atenciosas!
2. Participe de redes de mulheres dentro ou fora de sua empresa, compartilhe sua experiência, esteja de coração aberto, aproveite as vantagens da orientação.
3. Verifique a cultura da empresa em que você quer trabalhar e seus programas de liderança.
4. Esteja ciente de suas reações negativas, às vezes superficiais, a uma mulher que "arrasa" e pergunte a si mesma você reagiria da mesma forma se fosse um homem. Liberte-se de seus preconceitos falando sobre isso com outras mulheres.

# 8

# A confiança no casal

*A recompensa pela conformidade é que todos*
*gostam de você, menos você mesma.*

(Rita Mae Brown)

O sentimento de impostora não se limita ao contexto profissional; ele pode invadir a esfera privada e causar estragos na vida a dois. Da mesma forma que tememos uma entrevista importante, uma promoção ou um cargo que nos coloque sob os holofotes por causa daquele momento fatídico em que todos perceberão que não estamos à altura do trabalho, as histórias de amor podem rapidamente se tornar ligações perigosas!

São perigosas porque são prejudicadas por todas as dúvidas que internalizamos, pelo medo de sermos "desmascaradas", pelo sentimento de que não merecemos o que temos, aquela dúvida sorrateira que pode até nos levar a sabotar uma linda história de amor. O pânico de não estarmos à altura quando as coisas começam a acontecer do nosso jeito, a convicção de que não somos dignas de nosso parceiro, a expectativa do momento em que ele vai perceber ter cometido um erro e vai nos deixar... Todos esses sintomas são típicos da síndrome da impostora e, de modo mais geral, da falta de autoconfiança.

Sentir-se insegura no início de um relacionamento ou em determinados momentos é uma experiência comum a muitas de nós, mas quando essas dúvidas persistem e levam a um comportamento que degrada o romance dos sonhos, é o momento de fazer algo a respeito. Para reagir, é importante identificar o culpado, que são nossas crenças tóxicas, e começar a se livrar delas.

## Ligações perigosas

Em *Antichrista*, de Amélie Nothomb, Blanche é uma garota de 16 anos, cheia e complexos e nenhuma autoconfiança, que mal consegue acreditar quando Christa, a garota mais popular e descolada da escola, puxa assunto com ela... Infelizmente, o anjo acaba se revelando um demônio manipulador, mais uma Antichrista do que Christa. "Vista de fora, minha existência era esquelética; vista de dentro, eu parecia um desses apartamentos onde a única mobília é uma biblioteca suntuosamente repleta de livros: eu causava inveja e admiração nas pessoas que não se preocupam com o supérfluo e que transbordam com o necessário."

Seja na amizade ou no amor, quando nos falta autoconfiança, ficamos surpresas com o fato de os outros se interessarem por nós, especialmente quando esses outros demonstram a confiança que nos falta. E quando esse espanto passa, o que acontece? Podemos amar os outros quando não amamos a nós mesmas, quando nos sentimos inadequadas e sem valor?

### *Eu te amo, mas me odeio*

Carla é uma bela mulher italiana de 35 anos, que acabou de comemorar dez anos de casamento com Jules, que tem a mesma idade que ela e trabalha como diretor de uma empresa. O casal tem dois filhos.

> *"Meu marido é tão bonito e inteligente que eu sempre me senti inferiorizada e com muito ciúme. O pior é que ele é absolutamente adorável, um ótimo marido, um ótimo pai, não tenho nada do que reclamar. Mas, no início de nosso casamento, a maneira como as outras mulheres o olhavam me deixava louca. Então, comecei a fazer de modo sorrateiro algo não muito correto: engordá-lo involuntariamente. Preparava sua massa favorita, comidas*

*muito gordurosas, fazia tiramissus enormes. Quando finalmente sua barriguinha começou a aparecer, fiquei muito feliz. Não convidava nenhuma amiga bonita para ir em nossa casa, visitava a empresa dele com frequência para verificar a aparência das funcionárias e contratava as babás de acordo com o nível de feiura das candidatas. Eu estava louca! Hoje sinto vergonha disso, mas posso contar essa história, porque me recuperei, voltei a trabalhar como crítica gastronômica e parei de espioná-lo. Também parei de cozinhar comidas tão calóricas, meu marido emagreceu, e tenho menos medo de perdê-lo..."*

Se não for tratada, a síndrome da impostora não melhora. Carla se casou com um marido aparentemente "perfeito", o que só serviu para alimentar seu complexo de inferioridade e seus sentimentos de impostora. Como é possível controlar as emoções e a falta de confiança na frente de outras mulheres? Longe de falar sobre sua angústia e de verbalizar seu ciúme, Carla tentou "controlar" o marido, com o projeto de fazê-lo parecer mais feio para afastar o medo dela de ser abandonada. É uma estratégia totalmente perturbadora. Felizmente, os anos tranquilizaram Carla, e a terapia a ajudou a finalmente confiar em si mesma!

### *Um paciente e seu remédio*

Às vezes, um parceiro pode parecer o remédio que irá curar nossa falta de autoconfiança. Mas será que esse é o papel dele? Ele é capaz de fazer isso? Louise levou muito tempo para perceber que seu marido não era o terapeuta que resolveria seu problema.

*" 'Você tem de se amar acima de qualquer coisa etc.' Se amar? Sério? A gente não consegue entender essa frase até ter percorrido o próprio caminho para chegar a essa conclusão. Quando eu era jovem, me sentia simplesmente feliz, com alegria de viver e desejo de devorar o mundo. Depois, percebi que o inferno eram os outros – sobretudo os mais próximos a mim. Meus pais me impunham suas obsessões e repetiam sempre: 'Você tem de se se casar, ter filhos...'. Foi essa exigência que me levou à falta de autoconfiança. Era como se uma voz reverberasse na minha cabeça: 'Você não é boa sozinha!',*

*então tentei me encaixar nos moldes e idealizar o casamento, porque precisava agradar meus pais construindo algo fabuloso em um relacionamento. Eu tinha muito a oferecer e, de uma maneira muito egoísta, achava que quanto mais eu oferecesse, mais eu receberia. Me casei jovem, como instinto de sobrevivência. Era algo além do amor, algo absoluto. Fiquei petrificada pela ideia de não encontrar alguém para casar. E, pouco a pouco, a falta de confiança se instalou.*

*O erro é pensar que encontrar a sua alma gêmea resolverá todos os seus problemas. Pode até ser que sim. Eu, por exemplo, tinha medo de enfrentar a vida. Como sou uma romântica incurável, estava convencida de que poderíamos construir coisas juntos, que seria fantástico formar uma equipe. Eu esperava que meu marido resolvesse essa falta de autoconfiança, mas ele não estava disposto a assumir esse papel. Há um lado perverso em algumas pessoas que, quando veem alguém inseguro, não resistem a rebaixá-lo mais ainda. Porque essas pessoas também têm seus defeitos. Demorei muito tempo para entender que essas pessoas se protegem rebaixando os outros. E é nesse momento que percebemos que a palavra de ordem é algo como 'Salve-se quem puder!'.*

*Mas, no final, tudo isso foi positivo e me ajudou a crescer. Cresci e, finalmente, quando parei de procurar o amor incondicional em outra pessoa, quando decidi não existir apenas aos olhos de outra pessoa, parei de sofrer e voltei a ter autoconfiança, aos 50 anos. Sendo realmente honesta, tenho de admitir que quando eu era mais jovem isso realmente me perturbava.*

*De agora em diante, minha força está em aceitar minhas falhas e fraquezas sem culpar os outros, mantendo o brilho que ninguém pode tirar de mim, me afastando daqueles que não me fazem bem, vivendo o presente, sendo gentil, empática e justa. É disso que se trata minha autoconfiança!"*

Ao atender às expectativas dos pais e internalizar essa visão idealizada, Louise já não tinha mais parâmetros para conhecer a si mesma. O que ela podia desejar para si acabou se tornando algo secundário, o que atrapalhou a sua autonomia, a descoberta de seu verdadeiro "eu", suas aspirações, seus valores e necessidades. O resultado foi uma baixa autoconfiança, em que enfrentar a vida só se tornou possível por meio da outra pessoa: o marido passou a funcionar como um Band-Aid, uma muleta, um remédio que poderia "consertar tudo". O amor de casal não significa viver para a outra pessoa ou no lugar da outra pessoa, mas apoiar o desenvolvimento da pessoa com quem você divide sua vida.

Neste caso, mais uma vez, a sociedade e seus mitos colocam as mulheres em desvantagem: "Elas ficam esperando pelo príncipe encantado, essa publicidade estúpida que produz mulheres frustradas, futuras solteironas, amargas em busca do homem absoluto, quando na verdade poderiam estar felizes com um homem imperfeito."[1]

### Quando a outra pessoa é tóxica

Quando você não tem autoconfiança, em um momento ou outro o seu ser amado perceberá isso. Pode acontecer de ele te apoiar, fazer o possível para fazer você se sentir validada, provar que a ama e que sua falta de autoconfiança é infundada. Mas, como no caso que vimos anteriormente, pode acontecer também de ele não saber como desempenhar esse papel de suporte, ou até mesmo rebaixar você, se beneficiando com a sua falta de confiança. Nessas situações, são companheiros tóxicos, manipuladores ou simplesmente de autoestima baixa, que irão tentar explorar sua fraqueza pelo prazer de dominar. Essa foi a experiência de Leïla.

*Leïla, 24 anos, conheceu Thomas, de 30, durante uma maratona. Os dois são esportistas habilidosos: atléticos, sempre buscando superação, com hábitos de vida saudáveis. Leïla também trabalha como cozinheira em uma escola.*

*"Depois de alguns meses, Thomas me chamou para ir morar com ele. Eu não conseguia acreditar que um homem como ele, bonito, solteiro, com um emprego dos sonhos em marketing esportivo, pudesse se interessar por uma garota como eu. Sinceramente, além do esporte, no qual sou muito boa, eu não tinha autoconfiança e tendia a me considerar insignificante. Ou seja, eu estava nas nuvens. Minha família não gostava muito do fato de eu estar morando com alguém sem sermos casados, mas eu teria feito qualquer coisa por ele, estava muito apaixonada.*

*Passados quatro meses, uma noite ele agarrou o pedaço de carne ao redor dos meus quadris e me disse em tom áspero: 'Sinceramente, se você acha que vou continuar a me interessar por você com esses pneus, você está muito equivocada. Você vai ter de derreter essa manta de gordura, e, na cama, ser um pouco mais criativa!' Fiquei desesperada. Passei a correr mais e fiquei magérrima, mas ele continuou me repreendendo. Comecei a ter pensamentos sombrios. Felizmente, conversei com minha melhor amiga, que abriu meus olhos. Certa manhã, depois que ele saiu para trabalhar, peguei todas as minhas coisas e fui embora. Ele nem sequer tentou entrar em contato comigo. Era como se o ano que passamos juntos nunca tivesse existido. Desde então, aprendi a ter confiança em mim mesma, a me respeitar mais e conheci um cara normal que me ama exatamente como sou."*

Em uma situação como essa, não há nada a fazer além de ir embora, e Leïla acabou entendendo isso. Se um dia seu parceiro alegar que não quer tocá-la porque você é gorda demais para ele, aqui vai uma dica: vá comer uma fatia de seu bolo favorito. Esse bolo será melhor do que qualquer coisa que esse idiota possa lhe dar. Coragem, fuja!

Como diz Catherine Bensaïd:

> Não tenha medo de dizer não ao silêncio, à ausência e ao sofrimento. Se o relacionamento não puder continuar, é porque você teria de dar muito de sua própria vida para mantê-lo vivo. Depois de entender isso, você poderá sair vitoriosa de um caso de amor infeliz, vitoriosa de uma batalha que travou mais consigo mesma do que com a outra pessoa, feliz por finalmente poder dizer não à pessoa que a deixou infeliz e por poder dizer não à sua infelicidade.[2]

## O casal de aplicativo de encontro

### *Amor 2.0*

Segundo a terapeuta de casais Esther Perel, "estamos vivendo em uma era de consumo romântico, numa intersecção entre negócios e prazer. As pessoas costumam me dizer que, quando vão encontrar alguém que conheceram em um aplicativo, sentem-se como se estivessem indo a uma entrevista de emprego".[3] Isso é ainda mais intenso quando você não tem autoconfiança e sabe que está prestes a ser analisada. Antigamente, antes da era digital em que vivemos hoje, as pessoas reservavam um tempo para flertar, uma palavra que veio do francês "*fleureter*": literalmente "contar histórias". Esses costumes de outra época são o sonho de muitas mulheres de hoje.

*Ophélie tem 35 anos e é o tipo de mulher que você pode chamar de fenomenal. Alta, loira, magra, com um rosto angelical. Ela trabalha como professora de matemática em uma escola de Ensino Médio. Saiu com alguns homens e teve três relacionamentos longos, mas que sempre terminaram mal: com o primeiro namorado, havia diferenças na perspectiva de futuro (Ophélie não queria ter filhos e ele queria), experiência de adultério com o segundo namorado e um golpe sofrido pelo terceiro, que fugiu após roubá-la. Com sua autoconfiança em baixa e após um longo período de solidão, Ophélie decidiu baixar um aplicativo de namoro.*

*"No início, fiquei muito entusiasmada. Depois de publicar minha foto, recebi muitas curtidas. Conversei com uma dúzia de homens que correspondiam ao meu perfil. Eles moravam na mesma cidade que eu, eram bonitos e tinham profissões interessantes. Eu os encontrava para um drinque ou um almoço. Alguns deles me ligaram de volta para perguntar se poderiam 'passar lá em casa'; sugeri outro encontro em algum lugar público, que eles recusaram imediatamente... e nunca mais deram notícias. Sexo ou nada. Outros nunca mais me ligaram depois do primeiro drinque. Sinceramente, não sei o que é mais irritante: os homens que só querem sexo ou os que te descartam depois de conversar por uma hora. Baixei o aplicativo porque me sentia sozinha, não estava vendo ninguém (ou minhas amigas estavam namorando ou estavam batalhando como eu para encontrar alguém) e estava começando a perder toda a minha autoconfiança. Essa experiência foi mortal para meu orgulho e sabotou ainda mais minha confiança. Era como se eu fosse desinteressante, indigna de ser amada, feia ou ultrapassada... Excluí meu perfil no aplicativo depois de mais ou menos dez dias e nunca mais voltei. Talvez*

*eu seja velha demais para esse tipo de namoro. Além do mais, isso 'desromantiza' tudo, eu me vejo julgada como uma mercadoria. Pelo menos, quando eu conhecia alguém em uma festa, se a pessoa pedisse meu número e me ligasse de volta, eu me sentia desejada, mesmo que não desse certo depois. Mas, agora, você é escolhida em um catálogo (e o inverso também é verdadeiro) e, se a química não acontecer imediatamente, você é rejeitada. Resumindo, estou tentando recuperar minha autoconfiança porque, quando você se sente confiante, tem mais chances de ser notada, mas nada é garantido."*

### Evitando a felicidade por medo de que ela acabe

Hoje em dia, seria de se esperar que a síndrome da impostora poupasse as jovens, bonitas e brilhantes que são bem-sucedidas no trabalho. Mas não é esse o caso. É o que nos conta Félicie, uma blogueira de moda de 26 anos e bem-sucedida.

*Max (30 anos) e eu estamos namorando há dois anos e morando juntos há oito meses. Amo meu trabalho, sou incrivelmente autoconfiante e sou capaz de fazer o impossível para conseguir entrevistas com estrelas da moda. Por outro lado, depois de passar pela porta, volto a ser uma garotinha frágil e, como em um filme ruim, me transformo em uma megera que faz cenas desproporcionais com Max por causa de coisas que provavelmente são insignificantes, mas que na hora me deixam louca. Se eu visto uma roupa nova e não recebo um elogio, se ele dorme antes de mim, se ele fala baixo ao telefone..., começo a entrar em pane, a tremer, certa de que encontrarei a prova que confirmará o que eu já sabia desde o nosso primeiro beijo e que se resume à pergunta: o que ele realmente está fazendo comigo? Tenho vergonha de admitir, mas também estou procurando mensagens de texto suspeitas no celular dele. Não há como fugir do fato de que Max pode ter quem ele quiser. Ele é lindo e brilhante. E, antes de mim, ele só saía com loiras altas, enquanto eu passo longe dos padrões. Sei que um dia ele vai acordar e perceber que estava errado e que eu não valho a pena: há muitas garotas melhores do que eu! Paradoxalmente, é nesses momentos de crise que eu me sinto de fato assegurada, porque mesmo que ele esteja exausto comigo, acaba me tranquilizando, dizendo que me ama, que se preocupa comigo e que não gostaria de estar com mais ninguém no mundo. Essas discussões, porém, com todas as declarações de amor que recebo, acabam prejudicando nosso relacionamento. De uma maneira objetiva, tenho consciência disso, mas não consigo evitar, é mais forte do que eu. Tenho esse medo, essa dúvida de que não seja a pessoa 'certa' para ele, essa certeza de que ele acabará me deixando. Graças à terapia, entendi de onde vinham minhas inseguranças, que essa dúvida me definia e estava ocupando muito espaço, a ideia de que eu era uma garota inútil que não valia a pena amar, presa a mecanismos de defesa obsoletos. O medo de que Max me rejeitasse me levou inconscientemente a explodir tudo de antemão. Agora, consegui mudar minha percepção sobre mim mesma e sobre meu valor. Max me ajudou muito; aprendi a confiar nele e a acreditar em seus elogios. Levamos muito tempo, mas chegamos lá."*

## CIÚME, UM SINAL DE PROFUNDO MAL-ESTAR

No filme *Ciúme*, de David e Stéphane Foenkinos, a atriz Karine Viard interpreta uma mulher de 50 anos à beira de um burnout. Divorciada, a professora de literatura acha que ninguém nunca mais irá gostar dela. Entre ciumenta e invejosa, amarga e frustrada, ela está tão desesperada para ser amada que acaba se tornando uma pessoa insuportável para as pessoas ao seu redor, com ciúmes da própria filha e usando todas as suas artimanhas para causar problemas.

É uma metáfora da dúvida levada ao extremo...

### *Você pode consentir sem querer*

Com a onda #Metoo nos Estados Unidos e os depoimentos de Adèle Haenel e Vanessa Springora na França, a violência contra as mulheres ganhou holofotes. E entre essa violência está a delicada questão do consentimento, para a qual a falta de autoconfiança e de autoestima não são estranhas. Quando você tem uma imagem ruim de si mesma, muitas vezes é difícil resistir a assédios. Uma mulher que não gosta de si mesma terá dificuldade em recusar os avanços de um homem, como se sua própria opinião não contasse. E o problema do consentimento é particularmente grave entre as adolescentes.

De acordo com uma pesquisa com quinze mil pessoas realizada pela Agência Nacional de Saúde Pública da França,[4] o sexo entre as adolescentes nem sempre é desejado:

- 10,7% das meninas (6,9% dos meninos) sentiram que sua primeira relação sexual foi "aceita, mas não realmente desejada";
- 1,7% das meninas (0,3% dos meninos) sentiram que sua primeira relação sexual foi forçada;
- apenas 26% das meninas foram motivadas principalmente pelo desejo em sua primeira relação sexual; para a maioria delas (54%), o amor foi a principal motivação;
- entre os jovens de 15 a 17 anos, 8% das meninas (1% dos meninos) tiveram ou tentaram ter relações sexuais forçadas;
- esses números aumentam para 14% entre as meninas (5% entre os meninos) de 18 a 19 anos.

A Agência Nacional de Saúde Pública lançou uma campanha sobre consentimento sexual chamada "OK ou não OK",[5] para conscientizar sobre a linha tênue que pode existir entre o consentimento e o estupro. É fácil entender a dificuldade do chamado "consentimento informado" em um período frágil como a adolescência. Vulneráveis, sem sua casca de lagosta (como Dolto chamou), as meninas querem ser adultas sem dominar os códigos, com medo de recusarem e serem abandonadas por seus namorados, com medo de serem julgadas como provocadoras se não forem até o fim, mas como puritanas se não fizerem como as outras... e como vadias se disserem sim. Por medo de decepcionar, elas ultrapassam os limites que não gostariam de ultrapassar, o que é um sinal claro de falta de autoconfiança.

Para Nathalie Bajos, socióloga e pesquisadora do Inserm:

> Existe uma diferença entre o consentimento dos homens e das mulheres, devido às normas sociais de gênero sobre sexualidade, que ainda estabelecem práticas e comportamentos diferentes para cada um. O consentimento não é inato; ele é aprendido e construído, e entre os jovens os estereótipos de gênero já estão integrados. De acordo com essas normas, os meninos têm necessidades sexuais irrefreáveis, enquanto a sexualidade das meninas é pensada no campo da afetividade. E as coisas são assim até hoje: as meninas geralmente têm sua primeira relação sexual com alguém que, mesmo se não for necessariamente seu primeiro marido, terá todos os atributos sociais e simbólicos para tal. O consentimento não é uma relação binária: você pode consentir sem ter vontade.[6]

Consentir sem ter vontade. A nuance é sutil, mas essencial. É por essa razão que precisamos educar os jovens sobre seus corpos, sobre seus desejos e sua autoconfiança. "A ideia de uma campanha sobre consentimento é importante", continua Nathalie Bajos. "É um assunto que precisa ser amplamente divulgado. Os jovens devem estar preparados para entender que não precisam dizer sim e, se tiverem refletido sobre isso antes, certamente será mais fácil."

Esclarecer os jovens sobre esse assunto é essencial. Sem isso, a falta de autoconfiança pode se agravar e minar a confiança sexual mais tarde.

## A falta de confiança afeta a sexualidade das mulheres...

***... e a de seus parceiros.***
***É que nos releva Guillaume, 40 anos.***

> *"Meu relacionamento com Amélie teve um início maravilhoso quanto ao desejo e à paixão que tínhamos um pelo outro. O que eu não percebi, na época, era que ela nunca queria se despir completamente. Ela sempre usava um pequeno top e, embora eu pudesse tocá-la por inteiro, ela não queria que eu chegasse perto de seus seios, que ela dizia se parecerem mais com 'dois ovos fritos'. Nada muito grave.*

*Fomos morar juntos em pouco tempo. Amélie usava lingeries sensuais, mas ainda não estava pronta para me mostrar seus seios. Naquela época, eu não tentei fazê-la mudar de ideia, embora no fundo eu estivesse ficando cada vez mais frustrado e até mesmo obcecado, mas eu não queria magoá-la. O sexo entre nós era muito restrito, e ela não gostava de perder o controle, de se deixar levar pelo prazer, com medo de acidentalmente minha mão encostasse em um de seus seios. Esse complexo se intensificou com o passar dos anos. Se eu ousasse elogiar seu corpo, ela se tornava agressiva e gritava que eu estava mentindo. Tentei então conversar sobre 'o problema', mas ela conseguiu desviar o assunto, dizendo que eu era o problema, que eu tinha expectativas irracionais, que as crianças podiam nos ouvir falando sobre isso e que era constrangedor... Foi doloroso. Eu não me via como um cara pervertido, mas sim como alguém apaixonado e cuidadoso. Ela tinha tido dois filhos do primeiro casamento e eu tinha um filho com minha ex-esposa, por isso ficávamos sempre sozinhos quando as crianças estavam com o outro pai. Depois de alguns anos, essa sexualidade controlada começou a pesar muito para mim. Havia uma atmosfera de tensão de que ela gostava, e qualquer discussão acabava em brigas que escondiam o problema real.*

*Além desse complexo físico, ela também sofria de um complexo de inferioridade. Sempre tive muito orgulho dela, orgulho de sua personalidade sagaz, engraçada e cheia de vida. No entanto, quando saíamos com amigos, ela me dizia que não se sentia à vontade, que não se sentia intelectualmente à altura. Eu nunca entendia isso.*

*Quando fomos à Turquia de férias, ela reservou um quarto com duas camas de solteiro sob o pretexto de que precisávamos dormir. Embora também fosse verdade, nós dois estávamos exaustos dos nossos trabalhos que eram muito intensos, e a história das camas de solteiro era infantil; eu me senti castrado.*

*Algum tempo depois, ela me disse exultante que havia decidido colocar silicone. Depois da cirurgia, ela concordou em me mostrar e deixar que eu tocasse seus seios. Era como se eu estivesse tocando um corpo estranho, separado de seu próprio corpo. Ela finalmente havia me dado permissão, como uma criança. Mas era um pouco tarde, e no mês seguinte nossa história terminou."*

### *O corpo do crime*

As mulheres se pressionam até mesmo na cama. Os complexos que as levam a se comparar com as outras as afetam a ponto de prejudicar sua sexualidade. A sexóloga e psicóloga Olivia Benhamou[7] comentou o caso de Tiphaine, 37 anos e casada há dez, com quem faz terapia de casal. Eles têm dois filhos, um com 7 anos e outro com 4. A sexualidade sempre foi um assunto delicado entre eles: Tiphaine tem muita dificuldade em lidar com seu corpo, que ela acha gordo, um complexo que se agravou depois o nascimento de seu filho mais novo.

> *"Ela agora se recusa a ter qualquer contato físico com Simon, exceto na escuridão total e usando camisola. Simon se queixa por ela não ser tátil com ele, enquanto ela é com seus filhos. Ele não suporta o fato de o complexo dela afetar o sexo entre eles, que é sempre rápido, no escuro e sem nenhuma preliminar. Tiphaine lhe proíbe qualquer toque em seu corpo e só aceita a penetração. Ela explica com grande dificuldade que não consegue se suportar, que não entende por que seu marido se sente atraído por ela e que teme que ele a rejeite se 'a vir como ela é'. Já o marido gostaria que ela tomasse mais iniciativa na vida em geral e em particular na sexualidade. Ele diz se sentir muito sozinho porque ela não expressa nenhuma ternura por ele. Simon sonha que um dia a esposa sinta desejo por ele e lhe diga o que gostaria que ele fizesse com ela. Tiphaine se sente incompreendida, o que aumenta sua ansiedade e a afasta cada vez mais do marido. Ela atribui essas dificuldades à sua primeira experiência afetiva e sexual com um rapaz que a rejeitava e criticava frequentemente sua aparência física (sobretudo sua altura e o tamanho dos seios). Ela nunca conseguiu superar a lembrança dessa experiência, que a deixou particularmente fragilizada em um nível narcisista."*

A situação de Tiphaine é um exemplo muito comum das dificuldades em um relacionamento amoroso causadas pela falta de autoconfiança, pois ela é um ingrediente essencial para uma sexualidade plena. Com confiança em si e na outra pessoa, é possível se entregar à sedução, ao desejo e ao prazer. Nenhuma sexualidade pode ser vivenciada sem um estado de excitação e relaxamento ao mesmo tempo. Mas como é possível relaxar e confiar em seu parceiro se não tiver um mínimo de autoconfiança? Como ter serenidade emocional para se deixar levar pelo desejo e pela excitação de um momento de intimidade com outra pessoa?

Olivia Benhamou explica que, na prática clínica contemporânea para problemas sexuais femininos, as pacientes se queixam principalmente de distúrbios do desejo: ele pode se traduzir em falta de desejo, desinteresse geral pela sexualidade, ausência de fantasias ou inibições ligadas à educação e/ou à cultura de origem. Especulações ansiosas e, em geral, pensamentos negativos sobre si mesma ou preocupações externas são os piores inimigos da sexualidade, pois a tornam impossível. Para transar, é preciso "estar no clima", sem falar no desejo espontâneo (que seria o ideal). É possível criar as condições que possibilitam a receptividade ao amor físico, mas é preciso querer!

Quando mergulhamos nas histórias sexuais das mulheres, muitas vezes nos deparamos com versões de repulsa a si mesmas. Essa repulsa geralmente começa muito cedo na vida das mulheres, com complexos sobre a aparência física (muito gorda, muito magra, muito curvilínea ou não curvilínea o suficiente...) e a internalização de ideias depreciativas sobre a sexualidade, muitas vezes herdadas de parentes do sexo feminino. Se você gosta "daquilo", você também não é muito respeitável... A vida sexual dessas mulheres muitas vezes começou cedo, nem sempre com o consentimento delas, ou muito tarde. O fato de estar solteira há muito tempo ou de ter tido poucos parceiros também pode gerar incerteza e ansiedade ligadas à sensação de inexperiência. Isso mantém o medo de ter relações sexuais e distancia ainda mais a visão positiva da sexualidade. Muitas vezes elas têm a ideia de que não são "boas parceiras", que são incapazes de dar prazer e acham difícil aceitar a ideia de serem desejadas por outra pessoa.

A autoconfiança afeta nossos relacionamentos com os outros, mas talvez ainda mais nosso relacionamento conosco. Não seríamos dignas de amor: do amor-próprio, mas também do amor dos outros. A falta de confiança, portanto, afeta a capacidade de nos concentrarmos em nós mesmas, de nos permitirmos explorar nosso corpo, de nos apropriarmos dele, de sermos capazes de identificar o que sentimos, física e psiquicamente (emoções e percepções corporais), como se não pudéssemos confiar em nós mesmas. Ou como se nossos corpos não fossem interessantes ou dignos o suficiente.

As mulheres que não se amam o suficiente sofrem por serem estranhas ao próprio corpo e podem, por isso, se agredir de várias maneiras: por meio de hábitos alimentares tóxicos (todos os tipos de excessos, da anorexia à bulimia), por falta de cuidados e até mesmo, sem que se deem conta, por uma perda total da sensibilidade corporal, de uma maneira quase anestésica. O corpo não sente mais fome ou dor e se torna hermeticamente isolado do prazer. As terapeutas sexuais apontam que muitas mulheres sofrem de distúrbios do desejo porque são incapazes de reconhecer os sinais de desejo e excitação que se acendem dentro delas. Como elas conseguiriam saber e buscar o que pode lhes dar prazer se a própria ideia de prazer é impensável? Se a ideia de explorar seu corpo é inconcebível? Se elas se consideram inadequadas para exercer sua própria sexualidade?

## PARA LEMBRAR: 7 DICAS PARA TER AUTOCONFIANÇA NA VIDA A DOIS

1. Nunca é demais repetir: pare de se comparar!
2. Pare de pensar que você tem sorte, que não merece essa história de amor. Crie sua própria poção do amor: diga a si mesma, na frente do espelho, o quanto você se ama. Isso é ridículo? Não importa, ninguém vai estar te vendo.
3. O ciúme nunca é a solução, e o medo não evita o perigo.
4. Ame a si mesma!... Fácil de dizer, difícil de aplicar. Leia *Ame a você mesmo e... permaneça casado*, de Eva-Maria Zurhorst.[8] Um programa e tanto!
5. Pratique a filosofia do *Carpe diem* e do *Hic et nunc*! O fato de você ter encerrado um ciclo não significa que o próximo será melhor. Concentre-se no momento presente e, se não conseguir, procure ajuda.

6. Não confunda as expectativas de outras pessoas com as suas próprias. Nem os pais nem os maridos devem se intrometer no caminho da autodescoberta.
7. Se você ama uma mulher que não tem autoconfiança, ouça a música "Aime-la", de France Gall, porque "O amor é caprichoso, é difícil / Ele vem e vai, é tão frágil / Você sabe quando ele está lá / Você sabe como você tem sorte".

# 9

# Criando suas filhas com autoconfiança para virar o jogo

*Para todas as meninas: nunca duvidem*
*que vocês são preciosas e poderosas.*
*Vocês são dignas de todas as oportunidades deste*
*mundo, portanto sigam seus sonhos!*

(Hillary Clinton)

Existe uma boa chance de uma pessoa sem autoconfiança querer reverter essa tendência ao se tornar mãe, seja de menino ou de menina. Muitos psicólogos concordam que a infância desempenha um papel decisivo na formação da pessoa, e podemos por isso tentar fazer desse período um terreno fértil para o desenvolvimento da autoconfiança.

## Como podemos nos contrapor ao nosso próprio passado e à sociedade

### *Evite repetir padrões*

Os pais jovens às vezes percebem que repetem, mesmo sem querer, palavras ou ações que reprovavam em seus próprios pais. Será que estamos condenados a repetir os mesmos erros deles e a transmitir nossa falta de confiança às nossas filhas? Quando uma mulher se torna mãe, ela também se torna a criança que foi e reproduz certos fragmentos de sua própria história. Como resultado de sua educação e de seu relacionamento com a própria mãe (ou com as mulheres que a cercavam quando era criança), ela inscreveu palavras e ações em si mesma. Ou ela não tem consciência disso e reproduz esses padrões, ou tem consciência deles e se constrói em oposição, dando uma guinada de 180 graus, tentando criar sua filha de uma maneira diferente, com autoestima e autoconfiança. Mas isso requer um grau de autorreflexão que nem todo mundo é capaz de fazer. A realidade costuma ser mais matizada.

### *Reconhecendo a personalidade única de uma criança*

Laurence Gutenmacher, psicóloga especializada em crianças e adolescentes, esclarece esse condicionamento e como é possível ajudar a promover a autoconfiança de nossas filhas.

> Para criar uma filha autoconfiante, você precisa entender que a menina é sua filha, não sua extensão: ela é uma pessoa por si só, e você precisa olhar para ela com todas as suas qualidades, seus defeitos e sua singularidade. Você deve reconhecer sua personalidade e apoiá-la, incentivando sua filha a ser ela mesma para que cresça se sentindo bem consigo mesma. Para as meninas, isso pode significar uma nova maneira de pensar em relação às expectativas ou registros nos quais as meninas e mulheres são classificadas. Dar a ela a liberdade de ser ela mesma permite que ela esteja em sintonia com sua essência, para que ela se sinta bem e aceita do jeito que ela é, e isso inevitavelmente lhe dá confiança. Não acredito que as crianças devam ser educadas sem que o gênero seja considerado, pois vivemos em uma sociedade e não conseguiremos seguir contra a corrente nem contra as diferenças biológicas e fisiológicas. Por outro lado, trata-se de dar às meninas a liberdade de ter acesso a algo mais, de poder dizer a elas que nada está fechado, que elas podem ser boxeadoras se quiserem, desde que isso lhes convenha, é claro.

### Quebrando os estereótipos associados a meninas

De 1994 a 1999, um programa de pesquisa liderado pela associação *Du côté des filles* foi realizado na França, na Itália e na Espanha,[1] analisando 537 livros infantis, principalmente franceses, com o objetivo de entender os processos pelos quais o gênero é representado e transmitido. Percebeu-se que a diferença é expressa em várias imagens estereotipadas: o avental é o atributo da mãe; os óculos significam inteligência ou velhice; a poltrona simboliza o poder patriarcal e o descanso após um dia de trabalho; as mulheres são bonitas ou inteligentes. Jornais, bolsas, tudo tem uma representação de gênero. Assim, em uma segunda etapa do estudo, quando as crianças eram apresentadas a ilustrações de ursos sem identificação de sexo, mas com elementos associados a um gênero, elas os associavam aos estereótipos.

Diversos outros estudos confirmaram as assimetrias entre meninos e meninas. Mesmo que as representações tenham melhorado desde as primeiras princesas da Disney (Branca de Neve e sua predileção pelo trabalho doméstico, Cinderela e seus sonhos de um baile e roupas frívolas), ainda podemos ver que as meninas atualmente tendem a ser retratadas como mais passivas, dentro de casa, muitas vezes com irmãos e irmãs mais novos, com os quais elas se comportam de maneira gentil e maternal, enquanto os meninos são retratados ao ar livre, com amigos em vez de família, e muitas vezes fazendo travessuras.[2] Não é fácil ser destemida e aberta para descobrir o mundo quando se cresce com esse condicionamento.

Ainda mais surpreendente:

> [...] o tipo de animal escolhido para representar cada sexo também desempenha um valor diferencial. As personagens masculinas são frequentemente imaginadas na pele de animais poderosos ou que estão mais presentes no imaginário coletivo das crianças, como ursos, animais da savana, lobos ou coelhos. As personagens femininas, por outro lado, são mais frequentemente retratadas como pequenos animais ou insetos, como camundongos ou vespas.[3]

Camundongos, vespas, bichinhos... animais fofos e inofensivos que lutam para inspirar uma onda de autoconfiança nas meninas que se identificam com eles! Basicamente, é um convite para ser discreta...

**LIVROS PARA ENSINAR ÀS MENINAS A TEREM AUTOCONFIANÇA**

- Elena Favilli e Francesca Cavallo, *Histórias de ninar para garotas rebeldes*, VR Editora.
- Sophie Bienvenu, *La Princesse qui Voulait Devenir Générale*, Les Éditions de la Bagnole, 2017.
- Mr. Tan e Globulle, *Adèle, a terrível* (série de quadrinhos), primeira edição em 2012.
- Astrid Lindgren, *Fifi Brindacier*, Le Livre de Poche Jeunesse, 2015.
- Quino, *Mafalda*, Glénat BD, 2014.
- Geneviève Brisac, *Monelle et les Footballeurs*, L'École des loisirs, 2000.
- *Marie Curie, Rosa Parks, Simone Veil, Olympe de Gouges e Frida Kahlo*, Quelle Histoire Éditions.
- E para crianças maiores: Malika Ferdjoukh, *Quatre sœurs*, L'école des loisirs, 2010.

### *Nada é imutável*

Por que e como a falta de autoconfiança se instala em uma menina? Há alguns cenários possíveis. A mãe pode estar "falhando" por vários motivos: por estar doente, deprimida ou ausente. O resultado são dificuldades de apego por parte das filhas. Laurence Gutenmacher explica: "Em termos de apego, quando a mãe enfrenta esses problemas, eles representarão uma dificuldade para o desenvolvimento das meninas, porque elas não terão uma mãe acolhedora com quem possam se identificar e em quem possam confiar".

> *"Éloïse[4] tem 8 anos e não tem muitos amigos. Ela tampouco se dá bem com a mãe: 'Prefiro ficar com o papai. Estou com o papai o tempo todo, porque a mamãe não é legal, ela sempre diz não'. A mãe explica que sofreu com uma depressão profunda após o nascimento da filha e que o pai assumiu o controle da situação, mas nunca conseguiu estabelecer regras. À medida que a menina crescia, ela excluía a mãe porque não confiava nela: Éloïse tinha medo de que a mãe a 'abandonasse' novamente, que ficasse doente de novo. Então ela passou a se afastar da mãe para se proteger. Foi difícil criar um vínculo, e a mãe sofre por não se encaixar.*
>
> *No dia a dia, o primeiro relacionamento da criança é com a mãe. Os bebês têm necessidades fisiológicas importantes, que são comer e dormir, mas nesse primeiro estágio do desenvolvimento emocional há muitas coisas em jogo além das fisiológicas: a mãe às vezes não consegue amamentar o filho, a criança não quer comer sozinha, a mãe se sente culpada etc.*
>
> *No caso de Éloïse, a mãe não conseguiu transmitir segurança à filha ou ignorou involuntariamente as necessidades da bebê. O relacionamento era falho, mal estabelecido e, como o pai dizia sim para tudo, não havia como aprender a lidar com a frustração. Entre esses dois extremos, é preciso encontrar um equilíbrio. A mãe se sente culpada, ciente de que ela é parte do problema, e essa culpa a impede de se conectar com a filha. Por sua vez, a criança não quer procurar a mãe porque tem medo de fracassar novamente, e ela não conhece outra maneira de fazê-lo... É preciso trabalhar com as duas, tanto com a mãe, para que ela entenda que a filha precisa dela, que ela pode exercer o papel esperado da mãe e que esse vínculo pode mudar, quanto com a filha. Para que o vínculo seja seguro, a menina precisa se sentir segura, e elas precisam concordar em estarem disponíveis uma para a outra, em se abraçarem etc."*

Uma mulher que não tem autoconfiança também pode transmitir essa dificuldade à filha, porque ela não será necessariamente capaz de dar os códigos de que a filha precisa para se desenvolver. Mas tudo isso pode ser modulado, temperado pela personalidade da menina e pelo pai.

> *"Mesmo que a mãe encontre dificuldades no papel parental, algumas meninas conseguem estabelecer um vínculo com elas. Depois disso, podemos ajudá-las a se descobrirem. E é ao se tornar quem você é que a autoconfiança se desenvolve: você se mantém fiel a si mesma, sem tentar se encaixar em um molde ou em expectativas que não correspondem a você, mantendo-se dentro de normas sociais totalmente aceitáveis. Percebi que se uma mãe transmitir segurança suficiente entre 0 e 6 anos de idade, seja qual for o estágio de desenvolvimento, isso dará confiança às crianças."*

O que é muito reconfortante é o fato de que o senso de confiança de uma criança pode se reestabelecer completamente, porque elas têm muito tempo pela frente. O que são três semanas, seis meses ou um ano em uma vida inteira? Tornar-se um adulto equilibrado não é impossível. Nada é imutável, nada é fixo, as crianças bloqueiam o desenvolvimento da autoconfiança se algo der errado, mas elas continuam a crescer se o problema for identificado e reparado.

### *Os pais... e o lar*

O desenvolvimento da confiança vai muito além do vínculo criado pela mãe: a sociedade e o pai também desempenham um papel importante. Se o pai ou os homens da família tiverem uma visão desvalorizadora da mulher, se não se comportarem de forma a respeitar e valorizar as qualidades de suas companheiras, a filha evidentemente se tornará parte dessa estrutura, o que dificultará o desenvolvimento de sua confiança intrínseca.

De acordo com um estudo surpreendente[5] realizado pelos pesquisadores Toni Schmader, Katharina Block e pelo professor Andrew Baron, do Departamento de Psicologia da Universidade da Colúmbia Britânica, os pais que participam das tarefas domésticas têm maior probabilidade de criar filhas que aspiram a carreiras menos tradicionais e potencialmente mais bem remuneradas. Em outras palavras, a maneira como os pais dividem as tarefas domésticas desempenha um papel essencial na definição das atitudes e aspirações de gênero das filhas. Embora os valores da mãe sobre equidade, nos níveis pessoal e profissional, sejam fatores importantes para moldar as atitudes de seus filhos, o fator crucial nas ambições profissionais das filhas é a relação do pai com as tarefas domésticas!

Moral da história: se você quiser que sua filha desenvolva ambição e autoconfiança, diga ao pai para lavar a louça, a roupa e dividir as tarefas domésticas!

Os ventos da mudança estão soprando gradualmente. Um estudo do Instituto de Economia de Londres[6] aponta que os pais de meninas em idade escolar são mais favoráveis à igualdade de gênero. É como se o contato com as filhas, principalmente quando elas entram na escola, os tornasse menos sexistas: quando as filhas entram no Ensino Fundamental, há uma redução de 8% no padrão tradicional de família em que o homem trabalha e que a mãe fica em casa; quando elas entram no Ensino Médio, a redução chega a 11%. Ainda há muito a se progredir, mas é bastante encorajador. É "como se ser pai de uma filha nos desse uma melhor compreensão das dificuldades enfrentadas por mulheres e meninas na sociedade, levando a uma mudança significativa nas atitudes dos homens em relação aos papéis de gênero", observam os pesquisadores.

### *A escola ainda é sexista?*

Ainda tem a escola: as meninas são mais inteligentes, é um fato. Em todos os países ocidentais, elas têm mais diplomas do que os homens,[7] mas isso não significa que necessariamente vão alcançar posições de liderança mais tarde. Em 2012, a igualdade voltou a ser uma prioridade na França, com a criação de um Ministério dos Direitos da Mulher. Em 2013, o Ministério da Educação francês começou a implementar o programa ABCD da Igualdade em seiscentas salas de aula, com o objetivo de socializar as crianças nas escolas e em outros ambientes coletivos de aprendizagem e lazer de forma igualitária. Com a intenção de promover a igualdade entre meninas e meninos na escola, esse programa foi abandonado em 2014, após críticas virulentas da extrema direita e dos oponentes do casamento entre pessoas do mesmo gênero, que denunciaram a introdução de uma "ideologia de gênero" que negava as diferenças sexuais. Apesar disso, além de ser de interesse dos estudantes, o programa fez os professores refletirem sobre a importância do tema.

Em 2017, um relatório do Conselho Superior para a Igualdade de Gênero mostrou que as escolas ainda são muito sexistas e enfatizou a necessidade de formar professores na perspectiva da igualdade de gênero.[8] Os estereótipos persistem nos livros escolares, e as mulheres não escapam desses estereótipos. "Nos livros do primeiro ano, 70% das personagens mostradas cozinhando ou limpando são mulheres, mas elas são apenas 3% das personagens em ocupações científicas", observa Danièle Bousquet, presidente do Conselho. "E 56% das interações com os professores na escola são direcionadas aos meninos, em detrimento as meninas. Embora as opções de carreira sejam muito abertas à primeira vista, o campo de possibilidades é na verdade mais limitado para as meninas. Apesar de se saírem melhor do que os meninos na escola, elas se concentram em uma gama mais restrita de cursos e são menos incentivadas pelos professores a prosseguir os estudos na área das exatas. De fato, no final do Ensino Médio, 7 em cada 10 meninos vão para as exatas, e 4 em cada 10 meninas para literatura. Mas, longe de culpar os professores, o Conselho Superior para a Igualdade de Gênero deixa claro que essa perpetuação de reflexos sexistas é inconsciente e que somente um trabalho sobre o assunto é capaz de produzir resultados".[9]

### *Ter consciência dos pontos fracos*

Recapitulando, existe uma espiral de interações que se configura: o vínculo familiar, o relacionamento entre mãe e filha, a educação, os homens que cercam essa menina, o discurso bastante desvalorizador que a reduz a papéis predeterminados, como o da mãe que usa avental e faz bolos. Por fim, existe a sociedade, que pode ou não conceder certas liberdades, certos sonhos a essa menina.

"A partir do momento em que nos damos conta de que não temos autoconfiança, estamos praticamente trabalhando nessa 'falha'. Tudo o que precisamos fazer é destacar nossas qualidades. Estar ciente disso já é ter o desejo de resolvê-lo", afirma Laurence Gutenmacher.

## Novos olhares sobre a parentalidade

Em 1970, o psicólogo estadunidense Fitzhugh Dodson publicou *Como criar nossos filhos,*[10] livro que enfatiza a importância da linguagem na educação dos filhos e se tornou um best-seller mundial. Françoise Dolto também acreditava na importância da linguagem, mas, segundo ela, tudo acontecia bem antes dos 6 anos. Para o psiquiatra pediátrico, Marcel Rufo, essa ideia muito definida é como um julgamento final, enquanto as crianças têm uma segunda ou até mesmo uma terceira chance.

Hoje em dia os psiquiatras pediátricos descartaram vários dos princípios de Dolto e rejeitam a ideia de que tudo acontece antes dos 6 anos. Mas eles são unânimes em relação à importância das relações familiares, particularmente dos pais, no desenvolvimento da confiança nas crianças. E concordam também que essa confiança geralmente vem por meio da linguagem, bem como da entonação da voz, da intenção, da escolha de palavras e até mesmo da postura.

Graças à neurociência emocional e social, às recentes descobertas científicas, agora temos uma compreensão muito melhor do papel da educação e do impacto causado por nosso comportamento e nossas palavras no cérebro de uma criança. Sabemos que esse cérebro é plástico. Em outras palavras, todas as experiências da vida de uma criança determinarão a maneira como ele se conecta, como ele funciona.[11]

É por isso que precisamos ter cuidado com as palavras que usamos (e com a maneira como as usamos) com as crianças, especialmente com as meninas, para evitar a reprodução de padrões familiares e sociais. É disso que se trata a disciplina positiva, ajudar a aumentar aquilo que consideramos importante – no caso, a autoconfiança. Em vez de limites, nós nos concentramos em dar recursos à criança. Em vez de dizer "não", tentamos ensinar a criança a fazer o que deve ser feito.

Os pais que são incondicionalmente respeitosos e encorajadores criam meninas brilhantes. Numa entrevista com a fotógrafa[12] e cineasta[13] Sonia Sieff, ela contou:

*"Meu pai e minha mãe transformaram todas as minhas diferenças, todas as minhas particularidades, até mesmo as físicas, em diferenciais. Eu nunca disse coisas do tipo: 'sou muito magra' ou 'sou nariguda'. Eles nunca apontaram nada como um defeito. Através do olhar deles, fui incentivada a ser diferente, e isso alimentou minha autoconfiança. Tudo o que eu escrevia era fantástico, tudo o que eu fazia era genial e, na pior das hipóteses, impressionante. Eu me sentia como se estivesse em um livro de Roald Dahl. Acho que a primeira vez que vi meus pais franzirem a testa foi no dia em que lhes mostrei as fotos que tirei de pessoas nos bares. Meu pai basicamente me disse: 'As fotos são boas, mas talvez não o suficiente pra uma exposição na maior galeria de fotografia do país*[14] *quando você tiver 18 anos'.*

*Eu realmente me senti incrível, e isso me deu uma imensa autoconfiança, sem, no entanto, eliminar as incertezas.*

*Até hoje, quando me deparo com alguém que ponha em xeque algo importante, eu escuto, mas não dou ouvidos.*

*Se a crítica for construtiva, eu a levo em consideração, mas se for puramente com a intenção de me fazer hesitar, eu a ignoro. Devo minha autoconfiança aos meus pais e à educação que me deram.*

*Eu evidentemente acreditava que a vida seria fantástica e, no final da adolescência, descobri que as pessoas podiam ser más, cruéis. Percebi que tinha sido criada em uma bolha maravilhosa e confortável que, para meu grande pesar, não era a realidade lá fora. E se essa confiança fosse apenas uma fachada para mascarar a minhas limitações? Sou bastante lúcida e sempre evoco a citação de René Char: 'A lucidez é a ferida mais próxima do sol'. Tenho noção quando preciso me aprimorar se quiser progredir, estou sempre me julgando, sou muito exigente comigo mesma e com os outros, sou disciplinada e acredito muito no trabalho árduo, mas em um clima de leveza. Defendo essa aliança mágica, porque os grandes não mostram o quanto de estudo, reflexão e trabalho as conquistas exigem. Eles disfarçam o esforço para enfrentar a vida com graça, como um sapateador. Puxei muito ao meu pai. Que sorte!"*

## As lições da disciplina positiva

Caroline Pflimlin,[15] coach e facilitadora da disciplina positiva, realiza workshops de orientação parental. Quando sua filha tinha 4 anos, Caroline descobriu essa abordagem e percebeu que o estilo de criação dos pais tinha um impacto importante sobre a criança. Ela ficou encantada com o fato de ser possível intelectualizar o papel dos pais usando ferramentas muito simples. "Enquanto no mundo do trabalho somos 'recompensados' com um salário, avaliações e incentivos, como eu poderia saber se o que eu estava fazendo como mãe era certo, apropriado e eficaz a longo prazo, se ninguém estava me avaliando?".

Caroline decidiu fazer uma formação em coaching e disciplina positiva, que focasse em uma abordagem baseada nas teorias de Alfred Adler (médico e psicoterapeuta austríaco, pai da psicologia individual). Ela concordou em dividir conosco os fundamentos dessa abordagem.

### Uma nova linguagem

"Acredito que, através das rachaduras, podemos ver a luz. Quando nos tornamos pai ou mãe, não estamos preparados. A abordagem da disciplina positiva foi uma revelação para mim, porque descobri que era possível conversar com os filhos de uma maneira diferente, e que tanto a maneira de falar como as palavras escolhidas criam uma certa autoconfiança. Quando você se ama com suas qualidades e seus defeitos, é mais fácil se sentir no devido lugar na sociedade. Ninguém nunca havia falado comigo dessa forma antes e, de repente, era como se eu estivesse descobrindo uma nova língua. Nos workshops para pais, sempre falamos francês, usamos as mesmas palavras, mas não falamos a mesma língua. É realmente como se precisássemos aprender uma nova língua. O processo de aprendizado é ainda mais surpreendente, pois nossos pais não falavam dessa forma conosco, mas se falarmos dessa forma com nossos filhos, quando chegar a vez de eles serem pais, eles não precisarão aprender essa nova língua, afinal, eles já a conhecerão e terão integrado as ferramentas à comunicação espontaneamente."

### *Um estilo parental democrático que une firmeza e gentileza*

Existem vários estilos parentais, e normalmente os mais comuns são o autoritário e o permissivo. No estilo autoritário, os pais são rigorosos: eles dão ordens, seguidas de recompensas ou punições. Já o estilo permissivo, por outro lado, dá aos filhos muita liberdade, sem limites. Os pais cedem ou desistem, e a criança não tem diretrizes constantes.

Hoje conhecemos os perigos de uma educação punitiva, desprovida de empatia. As emoções causadas pela punição sobrecarregam o circuito do estresse e impedem que a criança pense no que fez. A memória funciona, mas a criança se lembra do estresse, do medo e da raiva, e não do motivo que desencadeou a punição. E sabemos o quanto o estresse pode afetá-las: "Toda vez que punimos uma criança, nós a humilhamos, a fazemos sofrer, e isso prejudica o funcionamento adequado do cérebro", afirma Catherine Gueguen. A lei de 10 de julho de 2019 na França proíbe que os pais sejam violentos física ou psicologicamente com seus filhos.

A disciplina positiva tem tudo a ver com um estilo democrático de educação:

- Valorizamos o pensamento um do outro;
- A criança é incentivada a entender o equilíbrio entre liberdade e limites.

O estilo democrático defende uma abordagem firme e gentil: trata-se de um "e", não de um "ou". Firmeza e gentileza são como inspirar e expirar, você não escolhe um ou outro, você precisa de ambos para viver!

### *Crenças*

As palavras-chave para a disciplina positiva? Firmeza e gentileza, mas também é importante entender o que são crenças. "Desde a infância, acreditamos que o que nossos pais nos dizem é certo, que é a verdade.

Pouco a pouco, desenvolvemos uma visão do mundo com base na visão que eles têm de nós. Se nos disserem: 'Você é um anjo, é tão bom passar o tempo com você', a mensagem que interpretamos como justa e legítima é: 'Sou uma pessoa legal'. Se disserem: 'Olha, aquele trabalho era difícil e você conseguiu. É difícil, mas você é capaz', a mensagem também é integrada e essa soma de mensagens forma crenças. Com base nessas crenças, construímos nossa própria leitura do mundo. Desse jeito, os valores que desenvolvemos sobre nós mesmos na primeira infância terão consequências a longo prazo para o jovem adulto que nos tornamos no mundo dos negócios, por exemplo."

### *Nem autoritário, nem permissivo*

Se os pais adotarem sistematicamente um estilo autoritário, a criança poderá desenvolver sentimentos de medo e culpa. Retomando a questão da autoconfiança, ela é uma forma contraproducente de educação: a criança, seja menino ou menina, terá dificuldade de se impor e de dizer não, porque terá medo de não ser mais amada. O castigo, como vimos, pode levar a uma queda na autoestima e a criança não se verá como uma "boa pessoa", ou ela pode adotar um comportamento autoritário, tendo aprendido que é assim que se consegue o que se quer.

"Em um estilo permissivo, a mesma criança se considerará acima das regras. A frustração e o esforço serão intoleráveis. Ela se sentirá o centro do mundo, sem levar em conta as necessidades das pessoas ao seu redor. Paradoxalmente, elas também podem estar preocupadas, se perguntando como conseguirão ter autonomia se os pais não conseguem sequer colocá-las pra dormir. Como a criança poderá se defender se um ladrão invadir a casa?", comenta Caroline Pflimlin.

### *Pertencimento a um círculo*

Além do estilo dos pais, das imposições e crenças positivas ou negativas, o outro ingrediente importante da disciplina positiva é o pertencimento a um círculo. A família é o primeiro círculo. "Quando temos um senso de pertencimento, com nossas qualidades e nossos defeitos, quando temos um papel na família", explica Caroline Pflimlin, "esse sentimento terá um eco na vida profissional e pessoal. Por exemplo, no filme *Os coristas*, nem todas as crianças sabem cantar: há uma criança que é muito mais nova do que as outras, mas elas a integram ao grupo atribuindo-lhe uma função, fazendo com que ela carregue as partituras. É essencial fazer com que a criança entenda que ela está contribuindo para o bom funcionamento da família, usando as frases certas".

A linguagem, por isso, é fundamental, assim como o grau de vínculo que se desenvolve com o filho. Não conseguimos mudar as coisas nem fazer uma criança entender nada apenas falando: é importante também se conectar por meio do afeto. Falar com empatia é a chave para iniciar qualquer diálogo!

### Respeito e empatia

A empatia é a chave de qualquer relacionamento e exerce um papel central na educação. Pais empáticos sabem reconhecer suas próprias emoções: por que, diante de tal comportamento de meu filho, eu reajo de tal maneira? Essa empatia conosco nos permite ter empatia com nossos filhos: somos capazes de sentir e entender suas emoções para que possamos melhor acompanhá-los.

"Por exemplo, quando uma criança chega da escola, podemos dizer: 'Percebi que você está cansada (reconhecimento de suas emoções), você prefere fazer a lição de casa antes ou depois do lanche (escolha)?' Nós nos conectamos com a criança porque nos colocamos em seu lugar, sentimos empatia. A paternidade é 80% vínculo e 20% incentivo à autonomia. Se houver esse vínculo, quando a família enfrentar dificuldades, será mais fácil resolver os problemas", explica Caroline Pflimlin.

É fundamental não fazer a criança se sentir humilhada. Como pais, o respeito que demonstramos determinará o respeito que a criança terá por si mesma: "Quando uma pessoa está à beira de um burnout no trabalho", continua Caroline Pflimlin, "quando ela se sente desvalorizada na empresa, é porque não conseguiu dizer: 'Chega, eu não mereço que falem comigo dessa forma' ou 'não mereço que você me passe uma tarefa às sete da noite para o dia seguinte'. Se, quando criança, não fomos ensinados a ser respeitados, se nossas escolhas e habilidades não foram valorizadas, como poderemos respeitar a nós mesmos? A criança cuja individualidade não foi respeitada vive sua vida com o único objetivo de agradar aos outros, por medo do adulto, por medo de uma reação excessivamente autoritária. Elas têm a impressão de que não contam.

Por exemplo, o que fazemos quando uma criança se comporta de forma inadequada ou, em outras palavras, "faz besteira"? Podemos expressar nossa desaprovação com firmeza, mas sem julgar a pessoa. A criança entende que seu comportamento não é aceitável, mas sem ser humilhada pelos pais. Quando for adulta, no dia em que estiver na mesma situação com outra pessoa, ela expressará seu descontentamento em vez de não dizer nada ou de recorrer a agressões e insultos.

## AS RECOMENDAÇÕES DA DISCIPLINA POSITIVA

Graças ao estilo de parentalidade democrática, um equilíbrio real entre firmeza e gentileza se estabelece, deixando espaço para escolhas que coloquem a criança em posição de controlar parte da situação, dentro dos limites decididos pelos pais. Por exemplo: "Preciso fazer um telefonema importante. Você prefere ficar sala em silêncio ou ir para fora por alguns minutos? Você decide". Esse estilo estabelece um equilíbrio entre uma certa quantidade de liberdade e de limites. Ele equilibra direitos e responsabilidades e incentiva a criança a tomar decisões. Ou: "Sei que suas amigas estão planejando dormir na casa da Chloé na sexta-feira e depois ir ao cinema no sábado. Acho que duas noites seguidas é um pouco demais. Vocês podem sair na sexta ou no sábado. O que você prefere?".

Dessa forma, a criança aprenderá que pode participar das decisões e que a escolha dela, associada à responsabilidade, é importante. Isso não significa que toda decisão deve levar em conta a opinião dela, mas que, quando for relevante e apropriado, envolvê-la no processo contribui para a sua autoestima.

Se seu filho lhe disser: "Terminei meu trabalho, mas não sei como concluir minha apresentação". Em vez de você responder: "É assim que eu faria", pergunte a ele: "O que você acha que poderia fazer?". É melhor fazer perguntas do que dar ordens ou conselhos não solicitados que cortarão parte de suas asas. Fazer pelas crianças o que elas já têm idade suficiente para fazer sozinhas significa roubar a chance de descobrirem do que são capazes e de desenvolverem sua autoconfiança. Evite preparar o sanduíche ou fazer a mala dos seus filhos![16]

### *Crenças, sempre*

Voltemos às crenças. Toda criança desenvolve uma visão e uma interpretação do mundo que dependem de suas crenças, e essas crenças são desenvolvidas na primeira infância. O comportamento no futuro dependerá da consciência que a pessoa tem de seu próprio valor e de sua capacidade de contribuir para o funcionamento de nossa sociedade. As crenças dão origem a pensamentos e emoções invisíveis, e essas, por sua vez, levam a determinados comportamentos e suas consequências são muito visíveis!

"Se você disser a uma garotinha coisas como: 'Vá em frente! Você é capaz! Você consegue, eu confio em você!', ela integrará a crença de que alguém acredita nela e em seu êxito. Por outro lado, se alguém disser a ela: 'Não é fácil para uma menina fazer isso, mas tente... vamos ver...' ou: 'Deixe seu irmão abrir a garrafa, ele é mais forte que você...', a criança interpretará que ser menina não é uma vantagem. As crenças positivas ou negativas (conhecidas como crenças 'limitantes') têm um lado irracional. Durante um de meus workshops, uma participante de baixa estatura me contou que seu pai havia dito que meninas baixas são inteligentes. Adivinha quem era a melhor aluna da turma?"

As crenças são um elemento essencial para entender e influenciar o comportamento. Além disso, existem outros fatores, como o temperamento, a genética, a classe social da família, o ambiente e os papéis atribuídos a meninos e meninas! Como pais, devemos tomar cuidado para não permitir que nossas ideias preconcebidas ditem ou justifiquem o comportamento de uma filha. O simples fato de estarmos cientes da maneira como falamos com ela já é um primeiro passo importante.

Caroline Pflimlin compartilha algumas das experiências dos participantes de seus workshops.

*"No caminho para casa, um pai sempre perguntava aos filhos: 'Então, rapazes, quem já fez a lição de casa?' A única menina dos irmãos ouvia essa frase junto com eles, e o que ela deduziu? Hoje, ela percebe que, na época, acreditava que os estudos eram para os meninos. Com o tempo, ela foi parando de se dedicar...*

*Ao sair de um cinema, uma menina comentou com seus pais: 'Chorei quando o menino caiu da árvore'. O pai respondeu: 'Eu também! Foi triste, né?'. Ainda nesse cinema, um garotinho da mesma idade enxugava as lágrimas, quando os pais riram e disseram: 'Por que você está chorando? Você é um menino grande, é só um filme!'. Aqui, a menina incorporará a crença de que demonstrar suas emoções é normal para uma menina, mas isso não ocorrera com o menino. Esses pais fazem isso inconscientemente, até entenderem as consequências de longo prazo. Portanto, assim como aprender um novo idioma, prestar atenção à maneira como você se dirige à sua filha é um bom primeiro passo."*

### Escuta ativa

Como corrigir esses padrões? O pai que faz perguntas aos filhos sobre os deveres de casa pode simplesmente incluir todos os irmãos, independente do gênero de cada um! Em vez de julgar os sentimentos legítimos de uma garota que sai do cinema, é possível fazer uma "escuta ativa", ou seja, expressar com suas próprias palavras o que a criança sentiu, sem julgar. Ouvir é mais valioso que dar conselhos! Os conselhos não ajudarão sua filha a resolver um problema; por outro lado, se você a ouvir, oferecerá a ela um espaço para pensar.

A escuta ativa é uma forma de reconhecer os sentimentos de sua filha e respeitá-los para que ela possa encontrar uma solução por conta própria, o que aumentará sua autoconfiança.

- O primeiro passo é usar sua linguagem corporal para mostrar que está ouvindo (abaixe-se ou sente-se ao lado da criança). Em todos os casos, pare o que estiver fazendo e olhe para ela;
- Em segundo lugar, ouça as palavras que ela usa, pergunte a si mesmo o que ela está "sentindo" e o que a levou a esse sentimento;
- Por fim, repita o que você entendeu, como se fosse um efeito de espelho.

Ouvir tem dois benefícios:

- O primeiro é que a presença de um adulto que sabe ouvir é capaz de deixar a criança aliviada, pois ela se sente compreendida e respeitada. No futuro, ela será capaz de expressar a legitimidade de suas emoções;
- O segundo benefício é que, por meio de seu exemplo, a criança aprenderá a dizer "não".

Outro caso contado por Caroline é o do pai que diz: "Eu sei que você quer ficar mais tempo na festa e que vai ser divertido, mas a hora de voltar não é negociável. Como você vai se organizar para chegar em casa no tempo certo?". Seu filho aprenderá essa linguagem de firmeza e gentileza e será capaz de expressar suas necessidades ao mesmo tempo em que saberá colocar limites, porque ele terá ouvido você falar dessa maneira. Você estabelece seus próprios limites e dá ao seu filho algum poder de decisão dentro da estrutura desses limites. É um aprendizado por imitação, um tipo de educação silenciosa.

## O peso das meninas

Jackie Kennedy costumava dizer à sua filha: "Você está gorda, nunca vai conseguir um marido!".[17] A violência desses comentários mostra o quanto uma mãe valoriza uma filha magra. Por outro lado, ter uma filha que não seja magra é visto como um fracasso, e a mãe se pergunta onde errou. Muitas mulheres obrigam suas filhas ainda pequenas a fazerem dieta, proibindo bolos e doces, e controlando tudo o que elas comem. Essa privação na infância terá efeitos desastrosos na adolescência, com possíveis episódios de anorexia. É fundamental que as mães não aprisionem suas filhas ao medo de engordar, com a imposição de serem magras e, logo, consideradas bonitas. A sociedade se encarregará disso em breve! As mães não podem tratar suas filhas como seus espelhos, projetar nelas seus sucessos ou fracassos, muito menos "consertá-las".

Por outro lado, apesar de um olhar positivo, a mãe pode perceber que a filha se desvaloriza: "Estou muito gorda", "Meus peitos são feios" e assim por diante. É essencial estar atento ao sofrimento da filha, escutá-la e buscar explicações "racionais", não emocionais. Em suma, é importante demonstrar neutralidade.

- Tente obter mais informações. Faça perguntas: "Onde você acha que está gorda? Como você percebeu isso?";
- Converse. Descrever como você se sente ajuda a evitar a simplificação excessiva. É útil ouvir as críticas dela, mas não hesite em contrabalançá-las perguntando também o que ela gosta em si mesma: seu cabelo é como o de Jennifer Aniston, suas sobrancelhas como as de Cara Delevingne ou sua altura, que lhe permite jogar basquete como uma profissional...
- Enfatize o fato de que nossos corpos nos permitem realizar uma infinidade de coisas;
- Não se esqueça de elogiá-la por outros aspectos além de sua aparência: sua sensibilidade artística, sua engenhosidade, sua facilidade em socializar... O valor dela não é medido pelo peso.

Para uma menina de 8 anos que está um pouco acima da média de peso e reclama sobre ser gorda, explique: "Você não é gorda, você só ainda não atingiu sua altura máxima, e seu corpo está acumulando reservas, o que é normal. Você é linda do jeito que é". Certifique-se de que ela não exagere em doces e refrigerantes, mas, se isso acontecer, evite fazer disso um "assunto" ou um problema, mantenha a imparcialidade e uma dose de senso de humor!

## Outras ferramentas

### *A virtude do mimetismo*

"As crianças funcionam por meio do mimetismo", garante Caroline. Ter um pai ou uma mãe com um certo grau de autoconfiança ajuda os filhos a fazerem o mesmo. As crianças adoram ver seus pais fazendo coisas que demonstram autoconfiança, seja dançar, embarcar em um novo projeto etc. Se um dos pais tiver uma voz firme ao telefone, por exemplo, ao falar de negócios, a criança poderá se inspirar nisso quando enfrentar uma situação semelhante. O pai ou a mãe será um modelo ou um contramodelo. Quanto mais confiança um pai ou uma mãe tiver, mais confiança ele ou ela poderá transmitir. Cuidar de si mesmo não é egoísmo. Cultivar o bem em si mesma, porque você tem todos os recursos, criará um reflexo em seus filhos, como no princípio dos vasos comunicantes. Temos direito de cuidar de nós mesmas para progredir e temos também espaço para fracassar, que nada mais é do que uma oportunidade de aprendizado. É como diz a famosa frase de Mandela: "Eu nunca perco. Ou eu ganho ou eu aprendo".

### *Incentivando*

"O incentivo é uma ferramenta maravilhosa. Por meio das palavras, estimulamos nossos filhos a terem autoconfiança. Ele terá consciência de suas qualidades ou de suas limitações em determinadas áreas, sem, no entanto, questionar seu valor. Uma criança que se valoriza sabe que é amada incondicionalmente. Ela se sentirá à altura de qualquer situação e não terá medo de tentar algo novo se os pais apresentarem os desafios como uma fantástica oportunidade de aprendizado, por exemplo. Meu conselho? Faça comentários 'fortalecedores'. Esses comentários ajudam as crianças a se sentirem 'capazes', a desenvolverem autoconfiança e a terem a certeza de que estão seguras. A mensagem deve ser sucinta, para que não se perca, mas também específica e generosa. Em outras palavras, autêntica: 'Eu sei que você consegue fazer isso. Vamos lá, me diga como você pretende fazer. Podemos sentar juntos e pensar em uma solução? Tenho certeza de que você também tem boas ideias'. Por outro lado, um comentário incapacitante seria: 'Todo dia a mesma coisa! O que tem de errado com sua cabeça para você não conseguir fazer isso?', ou 'Não aguento mais seu comportamento! Você vai ficar de castigo!'.

"Além disso, para ajudar sua filha a desenvolver uma imagem positiva de si mesma, você precisa incentivá-la constantemente. Diga a ela de tempos em tempos que você confia nela, pois assim ela acreditará em si mesma. Incentivá-la significa mostrar a ela que você a aprecia como ela é, que a ama e que sabe do que ela é capaz: 'Que legal, você subiu na árvore sozinha!'. Observar o progresso dela: 'Como você consegue cantar bem afinado!', apontando uma de suas qualidades: 'Você realmente tem o dom de fazer amigos!'. No entanto, é importante distinguir entre bajulação e incentivo. O incentivo é dado durante a corrida, e todos têm direito a ele, mesmo que venham de longe; já a bajulação é dada na chegada!

"A bajulação se baseia na ação e se concentra no resultado. Portanto, as crianças podem concluir, a partir da bajulação, que são 'capazes' somente se 'conseguirem' coisas. Essas frases carregam julgamentos e a criança pode sentir que depende da opinião dos outros. A bajulação ensina a criança a agradar os outros para ser aceita. Não há nada de errado com isso, mas é preciso tomar cuidado para não desenvolver a ideia de que é necessário agradar aos outros para ter valor. Já incentivo é baseado na pessoa. É um tipo de presente que damos ao longo do caminho, e não apenas quando a criança consegue algo. Ele se concentra na maneira como a criança se comportou e em suas qualidades pessoais, independentemente do resultado. Dessa forma, a criança se sentirá amada incondicionalmente e não ficará presa ao julgamento dos outros. 'Eu percebi que você se esforçou muito para ir bem nessa prova, mesmo com a ajuda de um professor! Você pode se orgulhar!'"

## *Cortando o cordão*

Confiança também significa deixar ir na hora certa, cortar o cordão. Alguns pais não conseguem fazer isso porque tentam satisfazer as necessidades de sua própria lógica interna. Sejam filhos ou filhas, dar a eles nossa total confiança não deve ser uma palavra vazia. Mas, claro, como as meninas percorreram um longo caminho moldado por gerações de clichês, não hesite em dobrar a dose dessa confiança!

Estar ciente das frases que podem condicionar ou aprisionar as meninas a um papel já é uma tarefa enorme. Inconscientemente, podemos repetir ideias machistas, e por isso é preciso ter cuidado redobrado com a forma como nos dirigimos às mulheres, porque os maus hábitos e as palavras inapropriadas estão tão arraigados em nosso modo de vida e em nossa educação que os reproduzimos sem pensar! Temos de entender que não estamos educando crianças, mas sim futuros adultos, e é importante divulgar mensagens justas, equitativas e respeitosas, independentemente do gênero. O dia de nossos filhos voarem para fora do ninho está chegando muito rápido. Quando isso acontecer, que talentos e habilidades você gostaria que eles tivessem? Do que você gostaria que eles se lembrassem? Do quarto arrumado ou do ambiente acolhedor em casa?

## ENSINANDO ÀS SUAS FILHAS A RECONHECER O PRÓPRIO O VALOR

Essa aceitação do casamento com o monstro é na realidade decidida quando as meninas são muito novas, geralmente antes dos cinco anos. Elas são ensinadas a não enxergar e, em vez disso, a "dourar" todo tipo de esquisitice, quer seja agradável quer não. É em consequência desse treinamento que a irmã mais nova consegue dizer: "Bem, até que a barba dele não é tão azul assim". Esse treinamento básico para que as mulheres "sejam boazinhas" faz com que elas ignorem sua intuição. Nesse sentido, elas de fato recebem lições específicas para que se submetam ao predador. Imaginem uma loba ensinando seus filhotes a "serem bonzinhos" diante de uma doninha enfurecida ou de uma astuciosa cascavel![18]

## O QUE DEVO ENSINAR À MINHA FILHA? AS 5 HABILIDADES FUNDAMENTAIS

1. Amar a si mesma.
2. Respeitar a si mesma.
3. Não se permitir ficar presa a estereótipos.
4. Ousar agir.
5. Saber se afirmar.

## QUE TIPO DE PAI OU MÃE DEVO SER COM MINHA FILHA? OS 10 MANDAMENTOS

1. Mostre a ela que você sempre a amará.
2. Saiba escutá-la.
3. Seja empática.
4. Confie nela incondicionalmente.
5. Dê apoio e incentive as ações dela.
6. Aceite e a ajude a aceitar os fracassos.
7. Aceite sua filha como ela é.
8. Não a desvalorize.
9. Seja diplomática, pedagógica e uma mentora.
10. Seja um modelo de autoconfiança.

# 10
# A força dos exemplos

*Conte apenas consigo mesma. Você é livre. Nada nem ninguém é obrigado a te salvar, só você mesma. Plante seu próprio terreno.*

(Toni Morrison)

Para concluir este livro, escolhemos falar sobre mulheres que não têm medo da incerteza ou de cometer erros. Elas se sentem bem consigo mesmas, com seu trabalho, com sua vida, e nos surpreendem com sua espontaneidade. Nos vestiários da academia, elas se sentem à vontade sem demonstrar arrogância; em reuniões profissionais, falam sem hesitação; em jantares, não se intimidam e sabem expressar a própria opinião. Elas são inspiradoras em sua aparente facilidade de serem elas mesmas. Em um mundo que está passando por uma reavaliação de gênero, elas estão abrindo caminho para outras mulheres.

Será que essas mulheres trabalharam em seus conflitos internos e crenças limitantes? Certamente, sim. Em algum momento, tiveram a coragem de parar de se deixar aprisionar por um suposto conforto proporcionado por essas crenças. Em vez disso, elas se abriram para interpretações alternativas. Para isso, vivenciaram diversos gatilhos: uma discussão que se torna uma epifania e de repente esclarece a situação, uma leitura, um choque, uma crise... De uma forma ou de outra, eles conseguiram, com suas complexidades e contradições, tomar um novo caminho, uma estrada que as leva para onde querem ir. Dois tipos predominam:

- *A naturalmente confiante*, que se aceita e se assume. Ela tem um grande autoconhecimento, aceita sua vulnerabilidade e aprende com seus erros. As imperfeições são celebradas, em vez de reprimidas, nos limites mais profundos de sua consciência. Ela se ama exatamente do jeito que é, ou quase isso. Ela encontrou seu caminho e não se sente culpada por isso. Sua bondade e curiosidade atestam uma flexibilidade emocional e relacional que lhe permite estar aberta aos outros e ao mundo. Sua força está em sua capacidade de dizer não, de estabelecer limites e de ousar examinar seu eu interior. Ela vive em um relativo senso de paz consigo mesma e, se uma mudança causar um desequilíbrio, ela saberá se adaptar;
- *A decidida* é a versão extrema da naturalmente confiante. Forte e desinibida, ela não tem medo de exibir suas conquistas nem medo de reprovações. Feminina à sua maneira, maravilhosamente irreverente quando se trata de formas clássicas de feminilidade, ela não tenta agradar a todo custo, mas expressa sua distinção com um toque de audácia que a torna irresistível. É difícil não gostar dela, pois ela é inspiradora, e sua espontaneidade é contagiante. Para ela, as bordoadas da vida são quase regenerativas, e lhe dão a energia necessária para fazer valer seus desejos e projetos. Ela não tem papas na língua e segue seu caminho quebrando preconceitos e superando todos os obstáculos que possam surgir em seu caminho. Ela se sente confortável sendo quem é, não hesita em se fazer ouvida e não se importa em chocar as pessoas. "Eu sou quem eu sou e não preciso me desculpar por isso" é seu mantra.

As revistas femininas e as redes sociais estão repletas de mulheres inspiradoras. A ideia não é olhar para elas com inveja, mas se inspirar nelas. Por meio de um efeito de espelho, a energia delas nos dará força, suas palavras servirão de motivação para as nossas próprias palavras, sua coragem se refletirá em nossas ações e celebraremos suas vitórias como rascunhos para as que nos aguardam.

Como vimos ao longo deste livro, a síndrome da impostora e a falta de autoconfiança não são irreversíveis. Identificar nossos pontos fracos e medos já é um passo para resolvê-los. Ainda há muito trabalho pela frente, mas um novo paradigma feminino está surgindo, e estamos conhecendo muitas mulheres incríveis. Na verdade, sempre houve mulheres incríveis: Marie Curie, Amelia Earhart, Rosa Parks, Simone de Beauvoir, Beate Klarsfeld, Malala Yousafzai. No entanto, a confiança e o desejo de fazer parte do mundo não são exclusividades de vencedoras do Prêmio Nobel ou de mulheres famosas. Estamos cercadas por mulheres que estão nos mostrando o caminho. O trem da mudança está em movimento, portanto, embarque nele!

## Como as mulheres autoconfiantes agem

### *Elas não são do tipo resignadas*

A trajetória profissional de Fanny Grangier é multifacetada: ela é diretora de empresa, criadora da marca de moda Moodkit, consultora de negócios, poeta e autora do livro *La Chagrâce*, e idealizadora do método "Avatar héroïque", voltado para o desenvolvimento pessoal de adolescentes. Ela se descreve como uma otimista apressada, com duas coisas no coração: amor e ação.

"Sou obcecada pela ação e por desbloquear potenciais. Para mim, a autoconfiança é essencial: detesto sentimentos de inibição e faço de tudo para neutralizá-los. Quando tenho um novo projeto, em vez de desenvolvê-lo em segredo ou sem fazer alarde, pego o telefone, organizo um jantar com todos os meus amigos e faço um grande anúncio: 'Vejam meu novo projeto!'. Para combater minha propensão natural a desistir, eu me forço a dizer isso em alto e bom som. Quando eu era muito jovem, entrei no mundo dos negócios cheia de entusiasmo e decidida a me expressar, mas me deparei com estruturas hierárquicas e patriarcais, com um chefe que decidia por todos, em que era normal desestruturar os jovens. Em meu temperamento, porém, há um espírito de luta. Lembro que, às vezes, à noite, eu ficava desanimada, mas na manhã seguinte chegava com a energia de uma leoa, pronta para me lançar novamente na arena. Talvez eu tenha percebido que todos os dias precisaria enfrentar pessoas que tentariam me destruir. Percebi que seria difícil, que as pessoas às vezes me incentivariam apenas para me usar, e que eu tinha de transformar isso em força.

Acho que o lado sombrio da falta de confiança é a resignação, a aceitação de nos curvarmos, de definharmos, de nos diminuirmos, de sermos apenas uma parte de nós mesmas, muito pequenas em uma caixa minúscula. Muitas vezes repito esse padrão: permito ficar presa em uma caixinha e depois percebo que ela é pequena demais para mim. Então me apoio nela para sair. Se não consigo contornar o problema, decido enfrentá-lo. Esse é o meu lado lutador. Mas vivo em busca de paz, harmonia, leveza, beleza e simplicidade, e preferiria não viver essa batalha.

Não posso aceitar que outras pessoas me limitem. Bilhões de vezes em minha vida, estive muito perto de permitir isso e permanecer nesse lugar onde queriam me limitar, porque a gente pode encontrar uma espécie de conforto lá, e a pior coisa que você pode fazer a um indivíduo é lhe dar muito conforto e proteção. Para mim, autoconfiança significa ser capaz de assumir riscos, ousar, sair da zona de conforto e, para isso, é preciso lidar com uma certa vertigem. Quando você se acostuma com o conforto e a proteção por muito tempo, isso se torna perigoso, e a proteção é uma falácia. Em vez de ser protegida, precisamos ser estimuladas, inspiradas, capacitadas para nos revelarmos a nós mesmas. A proteção pode ser uma prisão. Autoconfiança significa correr riscos, ir além do que se sabe, caso contrário, como será possível vivenciá-la?

O fracasso é normal, relativo e momentâneo. Precisamos superar esse sentimento. Para fazer isso, você precisa adquirir confiança, lentamente, por meio das experiências da vida. De minha parte, achei muito importante conhecer a mim mesma, identificar os momentos em que uma emoção negativa se apodera de mim: um sentimento de fracassar, de estar sobrecarregada, de ter a identidade diminuída, de frustração, de não pertencimento... Outra coisa em que tenho trabalhado é o fato de conhecer meus pontos fortes, meus valores e definir minha missão na Terra.

Quando esclareço meu campo de possibilidades, faço isso identificando meus pontos fortes naturais, com os quais sei que posso contar, e meus valores. Para alguns, isso é justiça, verdade ou liberdade... Não fiz psicoterapia, mas um trabalho pessoal, uma reflexão, no qual me questionei muito. Agora que identifiquei claramente meus pontos fortes e sei a direção que quero dar à minha vida – minha busca, pelo menos no momento, tem sido criar beleza, porque é no lugar em que me sinto útil – estou contando com esses pontos fortes e fracos, ganhando impulso. Assim posso me esforçar mais e ter confiança em mim mesma.

Quando eu era adolescente, eu era um animal social, a líder do grupo, dotada de um espírito natural de liderança. Quando eu estava no Ensino Médio, tudo mudou. Surgiram o álcool e as drogas. De repente, as pessoas descoladas eram aquelas que fumavam, bebiam ou usavam drogas, e eu era totalmente contra isso. Acabei por me tornar a garota antiquada. Eu não me encaixava mais e não tinha nenhuma autoconfiança: vivia um verdadeiro impasse."

### *Avatares*

"Um dia, eu me vi no meio de outros adolescentes tendo que responder à pergunta: O que você quer ser quando crescer? Respondi com um pouco de improviso: 'Vou ser Janis Joplin'. Ela estava fora de moda, mas para mim era o símbolo do que havia de mais descolado na época: ela se permitia ser ela mesma, com todos os atributos conhecidos das drogas. A partir de então, nunca mais senti a necessidade de legitimar o fato de que eu não bebia, não fumava etc. Eu havia abraçado a força e o poder de Janis Joplin. Ela foi meu primeiro avatar.

A ideia de um avatar é dizer a si mesma: 'Estou criando um alter ego', que é uma representação simbólica de meus pontos fortes, meus valores, minha missão na Terra. E que é completamente dissociado de meus defeitos, da minha história, dos meus relacionamentos com a família e com os amigos, dos meus medos etc. É um concentrado de qualidades, desprovido de defeitos. Quando me deparo com uma dificuldade, com a sensação de estar esgotada, eu me apoio em meu avatar. É um atalho que dou ao meu cérebro, permitindo que ele processe as informações com muito mais rapidez. Ele não precisa analisar a situação, eu apenas digo para ele resolver o problema. Na verdade, não é um falso eu, é a melhor versão de mim. Eu chamo isso de ponto de impulso: é o momento em que, para agir, eu me apoio naquele lugar ligeiramente sólido dentro de mim. Isso permite que eu me empurre na direção certa."

### *Exemplos*

"Eu procuro exemplos nas mulheres. Durante muito tempo, olhei para os homens. Meu mestrado foi sobre literatura engajada e na minha dissertação só falei sobre homens. Minha biblioteca era exclusivamente masculina. Quando percebi isso, comecei a procurar literatura de mulheres.

A primeira mulher que me inspirou a montar meu próprio negócio foi Anita Roddick,[1] a fundadora da Body Shop. Li sua biografia[2] e isso me trouxe uma verdadeira onda de energia. Depois disso, encontrei inspiração em Christiane Singer e Louise de Vilmorin. Essa última me fascina: ela era uma mulher muito amada, inteligente e sagaz, uma poetisa, afiada, frequentadora de salões, interessante em uma época em que as mulheres não se expressavam de fato. Ela ficou noiva de Antoine de Saint-Exupéry, depois o deixou e acabou ficando com André Malraux.

Estou sempre rodeada de mulheres: adoro organizar jantares e reunir mulheres que não se conhecem, e tenho muito orgulho disso. Minhas amigas então se conhecem, se adoram e se nutrem umas com as outras, e isso aumenta a autoconfiança. Por meio desses jantares, criamos vínculos, autoconfiança, o desejo de nos vermos, de mudarmos, de aumentarmos nossos horizontes e nos inspiramos umas nas outras. O que conta é a emoção. Eu me transformo ao me sentir tocada, estimulada.

As pessoas costumam me dizer: 'Ah, você é tão autoconfiante, tudo parece ser tão fácil pra você!'. Mas não é tão fácil assim! Não sou tímida, isso é um fato, mas a autoconfiança não tem nada a ver com isso. Para mim, é algo que você experimenta quando sai da sua zona de conforto, da sua proteção, da sua bolha."

### ATENÇÃO PARA A HOMENTRIFICAÇÃO!

Vanessa Badham, escritora e colunista do *The Guardian*, define esse neologismo da seguinte forma: "Se a gentrificação descreve o processo pelo qual a sociedade é *aprimorada* para se adequar aos gostos da burguesia, a homentrificação transforma o princípio da igualdade ao se apropriar do papel e das conquistas das mulheres na história e decorá-los com falos".[3]

Homentrificação, portanto, significa o processo de invisibilização das mulheres na história. "Hedy Lamarr é um exemplo típico de uma mulher que foi despossuída de sua criação científica. A atriz de Hollywood da década de 1930, conhecida por sua vida amarga, também inventou a técnica de salto de frequência, usada em GPS e Wi-fi. 'O exército estadunidense tomou sua patente e explorou essa descoberta logo após a Segunda Guerra Mundial. A genialidade de Hedy Lamarr só foi reconhecida décadas depois. Até então, ela era lembrada apenas como a mulher mais bonita do mundo', diz Isabelle Collet, socióloga da Universidade de Genebra e ex-cientista da computação. [...] No entanto, as atitudes estão começando a mudar. Em 2009, um jornalista britânico criou o Dia de Ada Lovelace, em homenagem a essa brilhante matemática que desenvolveu o primeiro programa de computador no século XIX. Em 12 de junho de 2019, a NASA renomeou a rua onde está localizada sua sede em Washington em homenagem a três matemáticas negras da década de 1960, que fizeram um trabalho inestimável para a conquista estadunidense do espaço. A história delas foi contada no filme *Estrelas além do tempo*".[4]

## *Demonstrar autoconfiança é arriscado?*

Demonstrar autoconfiança ainda é uma faca de dois gumes para as mulheres. É a atitude essencial se quisermos alguma chance de realmente ter sucesso na vida, e a sociedade nos incentiva a ter essa postura. As mulheres sabem disso, mas também sabem que, se exibirem seus sucessos com muita frequência e muita ênfase, serão punidas.

Uma mulher pode até ter toda a autoconfiança do mundo, mas sem um pouco de empatia e sensibilidade, correrá o risco de ser diminuída e julgada novamente, o que prejudicará seu desenvolvimento profissional. As normas de gênero ainda são persistentes e mantêm o sentimento ambivalente que as mulheres têm em relação ao próprio sucesso. Essa não é necessariamente a melhor maneira de fazer com que as pessoas gostem de você; na pior das hipóteses, a atitude fará você parecer uma egoísta sem coração, uma caricatura, como a personagem de Meryl Streep em *O Diabo veste Prada*.

### Quando a educação faz a diferença

Frédérique Clavel é fundadora e presidente da FinCoach Le Groupe[5] e diretora da fundação La France s'engage. Ela também foi presidente da AFE (Agence France Entrepreneurs), fundadora e presidente da rede Les Premières (chamada anteriormente Pionnières), com MBA pelo admirado Instituto Europeu de Administração de Empresas. Ela é um fenômeno.

Frédérique foi criada junto com meninos: dois irmãos e seis primos. Seus pais eram feministas sem perceber e criaram a filha da mesma forma que os filhos; às vezes ela tinha alguma pequena desvantagem física em comparação com eles, mas era tratada de maneira igual.

"Provavelmente, isso me deu o gosto pela competição. Quando cheguei ao mundo corporativo, eu estranhava o fato de que havia uma diferença entre homens e mulheres. Existem coisas que aceitamos implicitamente porque foi assim que fomos ensinados, mas esse não era o meu caso. E também existem coisas que a gente percebe pouco a pouco: aos quarenta anos, a gente percebe que os salários ficaram um pouco defasados (embora eu tivesse acabado de me tornar mãe) e que as posições de poder, o chamado teto de vidro, são espontaneamente reservadas aos homens, mais por influência do que por qualquer diferença real de habilidades. Cada uma dessas diferenças de tratamento me fez reagir: quando eu estava chegando aos quarenta anos, vi caras de 35 anos que estavam recebendo boas propostas de emprego, enquanto ninguém sequer me procurava, e foi quando decidi ter uma conversa com meu diretor na época: 'Você tem muito orgulho de 95% da empresa ser composta por mulheres, você diz pra todo mundo que estamos tendo um bom desempenho, crescendo rapidamente etc., mas você não tem nenhuma mulher no comitê executivo, e duas vice-diretoras estão deixando a empresa aos 40 anos de idade!'. Ele me respondeu: 'Sim, uma delas dormiu com o chefe e a outra tem caráter demais'. Era muito difícil conversar nessas condições, então eu também deixei a empresa aos 40 anos."

### *Pioneira*

"Abri minha própria empresa aos 40 anos: era a melhor maneira de unir minhas ambições profissionais com uma vida familiar. A primeira sede da Fincoach foi meu apartamento. Quando fui ao salão do empreendimento, percebi rapidamente que a percepção das mulheres empreendedoras não estava no mesmo nível que a dos homens, e foi quando eu decidi que era realmente preciso fazer algo pelas mulheres. Criei um projeto chamado Les Pionnières, uma incubadora para ajudar as mulheres a criarem empresas inovadoras, em Paris. Eu queria associar a imagem das mulheres à ambição e à inovação, o que nunca acontecia. A empresa chamou atenção, e acho que estávamos até mesmo à frente de outros países. Nos Estados Unidos, há muitas feministas e muito trabalho é feito em prol das mulheres, principalmente em reorientação de carreira, pelo menos naquela época. Fui convidada em muitos lugares para falar sobre mulheres e inovação, e muito rapidamente Hervé Novelli, que era o ministro do empreendedorismo na época, me procurou e falou: 'A incubadora Les Pionnières é boa, mas precisa ser feita em escala nacional'. Assim, ele financiou o início de uma federação nacional que nos permitiu expandir o projeto em toda a França e, em seguida, conseguimos encontrar parceiros internacionais (e pessoas que atuavam localmente) para desenvolver o projeto no Marrocos, na Bélgica, na Holanda e em Luxemburgo.

Depois, houve outras reviravoltas. Em 2016, saí da Les Pionnières, e ela continua sem mim. Atualmente, estou desenvolvendo a Fincoach com três pilares: o espaço de *coworking* para freelancers, porque sempre achei que um local de trabalho tem alma e deve ser um lugar de compartilhamento; ajudo startups a desenvolver sua estratégia e, eventualmente, seu financiamento (muitas vezes são mulheres que vêm me ver, embora eu também apoie homens); e o terceiro pilar é a alegria nos negócios, para reintroduzir o espírito de startups, que é um valor um pouco deixado de lado nas grandes empresas."

### *Rejeitando a ideia de dois pesos, duas medidas*

"Eu de fato tenho confiança em mim mesma. Quando assumi o cargo de diretora da Agência para a criação de empresas, percebi algumas formas sexistas de agir. Por exemplo, fui convidada para uma mesa redonda com homens. O jornalista moderador fez as apresentações, enfatizando as qualificações dos homens. Foi algo assim: 'Hoje temos fulano, formado pelo Politécnico, beltrano, da Escola Nacional de Administração..., e Frédérique Clavel, presidente da Agência para a criação de empresas'. Respondi: 'Obrigada, mas você esqueceu de mencionar minha formação: sou formada em tal e tal instituição'. Pode parecer arrogante, mas não me importo. Não é normal ser tratada diferente, não cheguei lá por acaso. E quando me ofereceram a presidência da Agência, não hesitei nem um segundo, mesmo não conhecendo completamente esse mundo, mas tinha gosto pelo desafio. Quando montei minhas incubadoras, cheguei a me dizer que era algo impossível, mas então o sonho se tornou realidade. Ou seja, não podia recusar, fiquei muito orgulhosa. Às vezes, parece que estou aqui por acaso. Por que eu? Mas estou indo em frente. Desde que completei 35 anos, percebi que certas coisas precisam mudar, então decidi me jogar e assumir a responsabilidade de ser uma mulher que se atreve."

### *Incluindo os homens*

"Quando mudei de emprego pela primeira vez na vida, passando do setor bancário para o varejista, fui procurada por uma headhunter que havia organizado uma entrevista minha com o tesoureiro de uma empresa que tinha uma reputação bastante complicada. Na época, eu tinha 30 anos, estava casada havia oito e não tinha filhos. A headhunter me alertou: 'Ele certamente perguntará sobre filhos, então diga que não quer ter nenhum!'. Respondi: 'Claro, não vou dar um tiro no pé'. No dia seguinte, o tesoureiro me fez a pergunta e eu respondi espontaneamente: 'Estou casada há oito anos: se eu engravidar, essa será minha prioridade!'. Fiz exatamente o oposto do que havia sido orientada a fazer, mas ele viu que eu estava sendo sincera e que jamais tentaria enganá-lo, então me deu o emprego. De tempos em tempos, as coisas saem do subconsciente, e isso é muito bom. Nem todos os homens são terrivelmente machistas.

Há algum tempo, participei de um jantar com as fundadoras da Professional Women Network na França, 23 mulheres ao todo que estão lutando pela igualdade, mas começando a incluir homens em suas diretorias. Incluir homens nessa jornada é de grande responsabilidade, especialmente porque os criticamos por não serem inclusivos diante de muitas situações. É claro que há homens que protegem uns aos outros, mas também existem grandes homens que promovem a equidade, e é neles que precisamos nos concentrar. Precisamos vencer os homens pequenos e glorificar esses grandes homens."

## OUSADIA, AUTENTICIDADE E LIBERDADE

No dia 10 de novembro de 2019, Hillary Rodham Clinton e Chelsea Clinton foram a Londres para apresentar o livro *The Book of Gutsy Women*[6] no Southbank Centre. Alguém na plateia perguntou: "Se você pudesse voltar no tempo, o que diria para a menina que você era?". E Hillary Rodham Clinton respondeu:

*"Seja com 11 ou com 15 anos, eu incentivaria a menina que eu era a continuar aprendendo e a se desafiar o máximo possível. Diria para ela correr riscos, para não ter medo das escolhas que ela poderá fazer na vida. Minha mãe nunca foi para a universidade e não sabia nada sobre isso. Para onde eu deveria ir? Seria longe ou perto de casa? Acabei indo para bem longe. A gente*

*precisa se encorajar constantemente para superar os medos. As angústias e as incertezas fazem parte da vida de todos nós. Todas aquelas fotos no Instagram são retocadas. A vida não é aquilo que aparece, e parte do desafio é não se confundir com as imagens que as pessoas criam de si mesmas e de suas vidas. Assuma sua própria e o que vai fazer com ela. Eu ousaria dizer que, se eu tivesse 11 ou 15 anos hoje, diria isso a mim mesma. Porque é muito fácil se deixar levar pelo perfeccionismo e pela imagem que as pessoas têm de si mesmas. No fim das contas, isso não é a vida real. Viva sua própria vida e da forma mais ousada que puder."*

Quanto a Chelsea, seu conselho para ter autoconfiança foi: não levar a sério as críticas sérias de pessoas não sérias. Hillary Clinton acrescentou que nunca devemos dar atenção às pessoas que tentam nos denegrir ou nos diminuir.

## Os homens também podem ser exemplos

Quer receber outra dose de autoconfiança? Desenvolver autoconfiança nas mulheres não é uma questão apenas feminina. Encontramos homens que pensam e agem de forma que a autoconfiança – uma palavra feminina singular, mas um sentimento singularmente masculino – seja compartilhada com as mulheres.

### *As mulheres não sabem como expressar suas expectativas*

Jean-François Guillaud, vice-presidente da Loyalty, um grande grupo hoteleiro na Europa, no Oriente Médio e na África, é um mentor comprometido.

"Meu feminismo amadureceu lentamente ao lado de duas de minhas sobrinhas, que são muito feministas e que abriram meus chacras, por assim dizer, principalmente em relação aos estereótipos que aprisionam meninos e meninas a papéis predeterminados. E depois, no decorrer da minha vida profissional, tive equipes só de homens, outras só de mulheres e equipes mistas, sendo a última a mais eficaz. Foi trabalhando com equipes exclusivamente de mulheres que a falta de autoconfiança em algumas delas realmente me chamou a atenção para essa realidade. Na época, eu estava em uma empresa de transações financeiras em dispositivos móveis, e a diretora comercial havia sido promovida para comandar os negócios no norte da Europa dois meses antes de eu ser contratado; ela era importante, inteligente e, em termos de gerenciamento, sabia como fazer tudo. Um dia, notei que, entre o salário dela como representante de vendas e o novo salário como diretora comercial, não havia um único centavo de aumento. Perguntei a ela sobre isso, achando que havia um erro em meus arquivos, mas ela respondeu que isso era normal. Ela havia internalizado completamente que essa promoção já era um favor e que ela precisava provar que o merecia. Eu disse a ela que nenhum homem teria aceitado uma promoção sem um aumento, mesmo que mínimo. Então, corrigimos isso com um aumento, não um muito grande, mas minimamente merecido...

Na verdade, acho que as meninas são muito acadêmicas: durante os estudos, quando se saem bem, são recompensadas. No entanto, quando chegam ao mundo dos negócios, as coisas não funcionam do mesmo jeito. Percebi que muitas esperam em silêncio por sua recompensa. Às vezes, eu tinha funcionários do sexo masculino que eram medianos, mas que passavam o tempo todo pedindo aumento. Por outro lado, gerenciei mulheres que eram extremamente competentes, com resultados incríveis, mas que não pediam nada – apenas esperavam. Expliquei a muitas delas que, em algum momento, é preciso pedir algo, pois caso contrário elas caem novamente nos estereótipos de que elas estão felizes assim, que precisam de um marido que ganhe bem e assim por diante. Hoje, eu treino mulheres e digo a elas que ousem, porque, se permanecerem em silêncio, elas terão uma sensação de injustiça, não se sentirão reconhecidas e sofrerão. É preciso verbalizar as expectativas. Atrevam-se a perguntar.

Na minha empresa, faço parte de um grupo voluntário de mentoria que ajuda mulheres jovens a vencer os obstáculos da vida corporativa. É uma equipe bastante equilibrada: 60% de mulheres e 40% de homens. Sempre fiz isso como gerente, e contribuir para essa organização foi uma decisão natural. Ajudei uma jovem que estava querendo mudar de posto dentro da empresa, mas nunca era selecionada. Ao analisar os anúncios, ela lia a descrição do cargo e se concentrava em tudo o que não sabia fazer. Já um homem se concentrava em tudo o que sabia fazer. Os anúncios sempre pedem uma pessoa de outro mundo, uma pessoa dos sonhos. Deixe a decisão para a pessoa que está recrutando, pois ela sem dúvida está preparada para fazer concessões, mas vá com tudo e diga a ela que será interessante adquirir as poucas habilidades que lhe faltam. O que tem de interessante em se candidatar a um emprego que você domina 100%? A parte que você não domina deve ser sua motivação, não sua autocensura. No entanto, sinto que as coisas estão mudando um pouco com as pessoas com menos de 30 anos. Parece ser uma geração que se beneficia do trabalho feito por outros, e isso também está mudando para os homens."

### *A importância de se fazer ouvir*

Também conhecemos Louis, diretor de uma das quarenta empresas mais valiosas da França.

"Por experiência própria, percebo que as mulheres se sentem menos adequadas do que os homens para um determinado cargo, e não estou falando de igualdade salarial, que é apenas uma consequência dessa falta de legitimidade. É só observar a maneira como os jornais comentaram a nomeação de Christine Lagarde como chefe do Banco Central Europeu: eles questionaram a capacidade dela para ocupar esse cargo, mas ela não é menos qualificada do que seu antecessor. Também notei que as mulheres se permitem cometer menos erros do que os homens em cargos de alta responsabilidade, pois elas assumem menos riscos por tolerarem menos os erros. No entanto, assumir riscos, responsabilidades e o direito de falhar são fundamentais para uma empresa.

Recentemente, as mulheres da minha empresa se organizaram para se fazerem ouvidas e foi muito interessante. Elas discutiram o assunto no grupo, trabalharam juntas, refletiram sobre como a fala era distribuída em um grupo misto e propuseram regras para toda a empresa. Deu muito certo, as pessoas se respeitam e adotaram essas regras, levantando a mão etc., o que acaba beneficiando a todos. As mulheres ganharam paridade graças ao seu trabalho de falar, de forma não vingativa e no interesse geral. Em pequenas organizações, no mundo das startups, as coisas mudam com mais disposição atualmente. Nas grandes empresas, ainda é mais difícil."

## PEÇAS-CHAVE PARA SE LEMBRAR DESSES EXEMPLOS

- Imite seus exemplos! Fale! Seja ousada! Reivindique seus direitos! Expresse suas expectativas!
- Não se deixe levar por ideias limitadas e saia da caixinha!
- Crie um avatar poderoso para você!
- Não deixe que um olhar de desdém te coloque pra baixo!
- Mesmo que você ache que conseguiu as coisas por acaso ou por sorte, tire proveito disso!

## RECEITA PARA AQUELES DIAS EM QUE SUA AUTOCONFIANÇA NÃO ESTÁ MUITO BOA

Playlist

- Angèle, "Balance ton quoi"
- Julien Clerc, "Laissons entrer le soleil"
- Queen, "We Are the Champions" e "Don't Stop Me Now"
- Amel Bent, "Ma philosophie"
- Gloria Gaynor, "I Will Survive"
- Beyoncé, "Pretty Hurts" e "Run the World"
- Aretha Franklin, "Respect"
- Rachel Platten, "Fight Song"
- Alicia Keys, "Girls on Fire"
- Hailee Steinfeld, "Love Myself"

- Lizzo, "Good as Hell" e "Juice"
- Maroon Five, "Girls Like You"
- Kelly Clarkson, "What Doesn't Kill You Makes You Stronger"
- Diana Ross, "I Am Coming out"
- Chaka Khan, "I Am Every Woman"
- Leslie Gore, "You Don't Owe Me"
- France Gall, "Résiste"

## LIVROS

- Marie NDiaye, *Três mulheres fortes,* Cosac Naify, 2013.
- Michelle Obama, *Minha história,* Objetiva, 2018.
- Gérard de Cortanze, *Mulher que corre*, Albin Michel, 2019.
- Simone Veil, *Uma vida*, Livros de Seda, 2008.
- Simone de Beauvoir, *Memórias de uma moça bem-comportada*, Nova Fronteira, 2017.
- Maya Angelou, *Eu sei por que os pássaros cantam na gaiola,* Astral Cultural, 2018.
- Claire Berest, *Rien n'est noir,* Stock, 2019.
- Emmanuelle Gagliardi, *500 réseaux de femmes*, Eyrolles, 2018.
- Léa Salamé, *Femmes puissantes*, Les Arènes, 2020.

## FILMES

- Theodore Melfi, *Estrelas além do tempo,* 2017.
- Éric Lartigau, *A família Bélier*, 2015.
- David Frankel, *O Diabo veste Prada,* 2006, adaptação do livro de Lauren Weisberger.
- François Truffaut, *O último metrô,* 1980.

- Anne Fontaine, *Coco antes de Chanel,* 2009.
- Julie Taymor, *Frida,* 2002.
- Sarah Gavron, *As sufragistas,* 2015.
- Ridley Scott, *Alien, o oitavo passageiro,* 1979.
- Patty Jenkins, *Mulher-Maravilha,* 2017.
- Robert Luketic, *Legalmente loira,* 2001.
- Steven Soderbergh, *Erin Brockovich - Uma mulher de talento,* 2000.
- Gary Ross, *Jogos Vorazes,* 2012, adaptação do livro de Suzanne Collins.

# Agradecimentos

Catherine Meyer, que nos mostrou que a confiança entre mulheres pode existir. Ela é uma editora dos sonhos e um grande presente.

Clémence de Bodinat, por seu olhar elegante e extraordinário.

Alexandra Geismar, Marion Lavenir, Camille Cohen, Claire Germouty, Paule Maarek, Michel Guez, Joshua Guez, Diane Keusseoglou, Daphné Keusseoglou, Hélène Holzmann e Francine Ganansia.

# Notas

## A ORIGEM

1 Pesquisa realizada pela Grant Thornton, 2013.

## 1. AUTOCONFIANÇA E SÍNDROME DA IMPOSTORA

1 Estação liberdade, 2021.

2 *Les Fondations sociales de la pensée et de l'action*, Prentice Hall, 1986.

3 Lecomte J., Les applications du sentiment d'efficacité personnelle, *Savoirs*, hors-série, 2004-2005.

4 Kay K. et Shipman C., The Confidence Gap, *The Atlantic Monthly*, maio, 2014.

5 Bandera, Schunk, Brown et Inouye, *Le Sentiment de compétence et d'apprentissage chez l'adulte*, Ruph F., université de Montréal, 1997.

6 Schunk, 1989.

7 Feuerstein, 1991.

8 Pesquisa realizada pelo Instituto CSA para o observatório Terrafemina et 20 Minutes, março 2013.

9 A 5ª edição do *Manual de diagnóstico e estatística de transtornos mentais* da Associação Americana de Psiquiatria.

10 *Croyez en vous, libérez-vous du syndrome de l'imposteur*, Larousse, 2019.

11 Marie-Claire, maio, 2018.

12 Un retour à l'amour: réflexions sur les principes énoncés, dans *Un cours sur les miracles*, HarperCollins, 1992; J'ai lu, 2010.

13 Jarrett C., Feeling like a fraud, The Psychologist, vol. 23, 5e éd., BPS, maio, 2010.

14 É preferível referir-se a "cliente" em vez de a "paciente", pois acredita-se que um indivíduo em dificuldade não pode ser reduzido ao status de um paciente, ou seja, ao de uma pessoa doente ou a um ser que com muita frequência é passivo.

**15** McLeod, S.A., 2014.

**16** Rogers C., *On Becoming a Person: A Therapist's View of Psychotherapy*, Houghfton Mifflin Company, 1961.

**17** Rogers C., *On Becoming a Person: A Therapist's View of Psychotherapy*, op. Cit.

**18** patriciabraflantrobo.blogspot.com, 18 de março de 2013.

**19** André Ch. et Lelord F. *Autoestima: Amar a si mesmo para conviver melhor com os outros*. Viva Livros, 2014.

**20** *Oser. Thérapie de la confiance en soi*, Odile Jacob, 2018.

**21** Maslow A., A Theory of Human Motivation, *Psychological Review*, 50, 1943, p. 370-396.

**22** *Social Encounters: Contributions to Social Interactions*, Adline Publishing Company, 1973.

**23** *Estime de soi, perspectives développementales*, Paris, Delachaux et Niestle, 1998.

**24** *Slouching Towards Bethlehem*, Farrar, Straus and Giroux, 1968.

**25** *True Colors*, *The New Yorker*, Malcolm Gladwell, 14 março de 1999.

**26** *La Cloche de détresse*, Gallimard, 1988.

## 2. AS ORIGENS DA FALTA DE AUTOCONFIANÇA NAS MULHERES

**1** *Mulheres e poder: Um manifesto*. Critica, 2024.

**2** Interview, Le Figaro, 19 de novembro de 2018.

**3** *História das Mulheres no Ocidente*, Afrontamento, 1990.

**4** Entrevista na revista *XXI*.

**5** Pétillon J.-M. et Darmangeat Ch., Histoire et préhistoire de la domination masculine, Parcours, Cahiers du GREP Midi- Pyrénées, GREP MP, 2018, 57, p. 97-125 (ffhal-01941677).

**6** Tinat K., Le dernier entretien de Françoise Héritier, *Socio*, 9, 2017, p. 238-255.

**7** 1933-2017.

**8** Lei 2014-873, de 4 de agosto de 2014.

**9** Brenot Ph., Féminicides, spécificité de l'humanité !, Le Monde, 11 de julho de 2019.

**10** Héritier F., (https://theconversation.com/ce-que-les-hommes-aussi-doivent-a-francoise-heritier-87557)

**11** Lamnaouer L., *French Morning London*, setembro, 2019.

**12** Christine Bard é professora de história contemporânea na Universidade de Angers e membro honorária do Institut Universitaire de France, especializada em história das mulheres, gênero e feminismo na França. Ela também é presidente da associação Archives du féminisme e diretora do museu virtual MUSEA.

**13** Fayard, 1995.

**14** Le Seuil, 2010.

**15** Autrement, 2010.

**16** Tradução literal da palavra *empowerment*, que algumas pessoas preferem manter em inglês.

**17** Le Point, 4 de março de 2019.

**18** Enquete YouGov/Social Builder pour Monster, *Forbes*, maio, 2018.

**19** Feltrinelli, 1973.

**20** Berlingo L., Girault A., Azria E., Goffinet F. et Le Ray C., Women and academic careers in obstetrics and gynaecology: aspirations and obstacles among postgraduate trainees – a mixed- methods study », BJOG, 3 de dezembro de 2018.

**21** Insee, 2017.

**22** Grand Central Publishing, janeiro, 2016.

**23** www.refinery29.com/en-us/the-anti-diet-project, 2013 a 2019.

**24** Robert Laffont, 2017.

**25** Éditions de l'Olivier, 1997.

**26** Insee, 2015.

**27** Albin Michel, 2009.

**28** Fielding H., *O diário de Bridget Jones*, Record, 1998.

**29** 1969, 1973, 1979.

**30** Ainsworth M. et Wittig M., 1969.

**31** Ainsworth M., 1978.

**32** Ainsworth M., 1970.

**33** Karen R., *Becoming Attached*, Oxford University Press, 1998.

**34** Bowlby J., The Making and Breaking of Affectional Bonds, Tavistock Publications, 1979.

**35** Main M. et Cassidy J., 1988; McLeod S., 2018.

**36** Diamond N. et Marrone M., Attachment and Intersubjectivity, Whurr Publishers, 2003.

**37** The Impostor Phenomenon in High Achieving Women: Dynamics and Therapeutic Intervention, Psychotherapy: Theory, *Research and Practice*, vol. 15, nº 3, 1978.

**38** *Ibid.*


## 3. OS PERFIS DA SÍNDROME DA IMPOSTORA


**1** Young V., *The Secret Thoughts of Successful Women : Why Capable People Suffer from the Impostor Syndrome and How to Thrive in Spite of It*, Crown Business, 2011.

**2** Psychomedia, 12 de abril de 2019.

**3** Hewitt P. L. et Flett G. L., « Perfectionism in the self and social contexts : Conceptualization, assessment, and association with psychopathology », Journal of Personality and Social Psychology, 1991.

**4** *The Curse of the Good Girl*, Penguin Publishing Group, 2009.

**5** *Neurosis and Human Growth*, Norton, 1950.

**6** *New Ways in Pychoanalysis*, Norton, 1939.

**7** *The Neurotic Personality of our Time*, Norton, 1937; *Our Inner Conflicts*, Norton, 1945.

**8** Young V., *The Secret Thoughts of Successful Women*, op. Cit.

**9** Grasset, 2005.

**10** *On Becoming a Person*, op. Cit.

**11** *Women Score Higher than Men in Most Leadership Skills*

**12** *Ibid.*

**13** Pyramid: Women in S&P 500 Companies, Catalyst, 11 de julho de 2019.

**14** *The Imposter Cure*, Paperback, junho de 2019.


## 4. A AUTOCONFIANÇA É OSCILANTE


**1** Instagram @Amy Poehler

**2** Jean- Claude Lattès, 2013.

3 Sandberg S. et Grant A., *Plano B: como encarar adversidades, desenvolver resiliência e encontrar felicidade*, Companhia das Letras, 2017.

4 Sheryl Sandberg's new mission: help people through grief and adversity, Time, 24 de abril de 2017.

5 *Plano B, op.cit.*

6 Hollings C., *Fuck les régimes*, Payot, 2016.

7 Campeã olímpica, atleta de corrida de meia distância.

8 National Collegiate Athletic Association, organização responsável pela gestão de esportes nos Estados Unidos.

9 Why Don't Women Get Comebacks Like Tiger Woods?, New York Times, 20 de abril de 2019.

10 Relato de Audrey Barbier-Litvak, diretora da filial da França e do sul da Europa da WeWork, a gigante americana do coworking, *Marie-Claire*, setembro de 2019.

11 Forbes Top influencers, 2019.

12 Pocket, 2013.

13 Robert Laffont, 2018.

14 *Le Figaro Madame*, 19 de setembro de 2019.

15 25 de julho de 2019.

16 INED, 2016.

17 Orth U., Erol R. Y. et Luciano E. C., « Development of selfesteem from age 4 to 94 years: A meta- analysis of longitudinal studies », Psychological Bulletin, 144(10), 2018, p. 1045-1080 (http://dx.doi.org/10.1037/bul0000161).

18 Zenger J. et Folkman J., artigo citado.

19 psychomedia.qc.ca/tests/inventaire-des-forces-de-caractere

## 5. O OLHAR DOS OUTROS E O OLHAR SOBRE SI

1 Les Arènes, 2014.

2 Van Deurzen E. et Kenward R., Dictionary of Existential Psychotherapy and Counselling, Sage Publications Ltd, 2005.

3 2006.

4 *Financial Times*, 26 de abril de 2019.

5 Laurence Gutenmacher atuou como administradora hospitalar da Assistance Publique de Paris e foi professora da escola do hospital Pitié-Salpêtrière.

**6** Maïga A., Beausson- Diagne N., Gabin M., Gueye M., Haïdara E., Khan R., Martins S., Nga M.-Ph., Pakora S., Richard F., Rolland S., Silberfeld M., Souagnon Sh., Sylla A., Touré K. et Zobda F., *Noire n'est pas mon métier*, Le Seuil, 2018.

**7** A. Maïga.

**8** N. Beausson-Diagne.

**9** *Petits Complexes et Grosses Déprimes* (avec Muzo), Le Seuil, 2003.

**10** *Women and Desire: Beyond Wanting to Be Wanted*, Three Rivers Press, 1999.

**11** Le Figaro.fr, 28 de julho de 2017.

**12** Soest T. (von), Kvalem I. L., Roald H. E. et Skollenborg K. C., The effects of cosmetic surgery on body image, self- esteem, and psychological problems, NCBI, julho de 2008.

**13** Women are getting Botox to fix "resting b---h face," and a psychologist says the trend is troubling, Insider, setembro de 2019.

**14** Orbach S., *Le Poids, un enjeu féministe*, Marabout, 2017.

**15** *Sobre a beleza*, Companhia das Letras, 2007.

**16** *Ibid.*

**17** http://www.refinery29.com/en-us/stop-dieting-tips-body-positivity

**18** *A mulher no espelho*, Record, 2014.

**19** Kant E., *Leçon d'éthique, Le Livre de poche*, 2007.

**20** *In Harm's Way: The Pornography Civil Rights Hearings*, Harvard University Press, 1997.

**21** Fredrickson B. L. et Roberts T.-A., « Objectification Theory », *Psychology of Women Quarterly*, 21 (2), 1997, p. 173-206.

**22** Antisexisme.net, 13 de agosto de 2013.

**23** O *flow* foi estudado pelo psicólogo Mihaly Csikszentmihalyi.

**24** Szymanski D. M., Moffitt L. B. et Carr E. R., « Sexual Objectification of Women: Advances to Theory and Research », *The Counseling Psychologist*, 39(I), 2011, p. 6-38.

**25** France Culture, 27 de agosto de 2019.

**26** *Nature Human Behaviour*, 26 août 2019. Les jurys avec des préjugés implicites vont moins promouvoir les femmes dès lors qu'ils ne croient pas à l'existence de préjugés basés sur le genre.

27 Éditions de l'Olivier, 2019.

28 Lewis H., *The Atlantic Monthly*, de agosto de 2019.

29 Firebrand Books, 1986.

30 Pinkola Estes C., *Mulheres que correm com os lobos*, Rocco, 2023.

31 *Nobelle*, Robert Laffont, 2019.

32 Brown B., *La Grâce de l'imperfection, Béliveau Éditeur,* 2018.

## 6. DESAFIANDO A FALTA DE AUTOCONFIANÇA E FAZENDO DELA UM MOTOR

1 Lsa-conso.fr

2 *TerraFemina*, 28 junho de 2016.

3 Estudo *Always* sobre confiança e puberdade realizado pela MSLGROUP. Research na França entre 11 de janeiro e 5 de fevereiro de 2016, com 1003 mulheres jovens de 16 a 24 anos.

4 National Health Service, serviço de saúde britânico, 2013.

5 www.dove.com/au/dove-self-esteem-project.html

6 *Jamais sans ma fille*, Pocket, 1989.

7 *Ibid.*

8 Pinkola Estes C., *Mulheres que correm com os lobos*, Rocco, 2023.

9 Les Arènes, 2014.

10 Hayes S. C., Strosahl K. D. et Wilson K. G., *Acceptance and Commitment Therapy an Experiential Approach to Behavior Change*, The Guilford Press, 1999.

11 Association for Contextual Behavioral Science.

12 Odile Jacob, 1999.

13 Brown B., *Le Pouvoir* de la vulnérabilité, Guy Trédaniel, 2012.

14 Brené Brown on the Power of Vulnerability, *The Telegraph*, 17 de setembro de 2012.

## 7. AS MULHERES ENTRE ELAS

1 Hygiène de l'assassin, Albin Michel, 1992.

2 Ato 1, Cena 1.

3 Dumas A., éditions Baudry, 1844.

4 Steinbeck J., Gallimard, 1939.

5 Alain- Fournier, Émile- Paul Frères, 1937.

**6** Roy Hill G., 1969.

**7** Sautet C., 1974.

**8** Robert Y., 1976.

**9** Esposito M., 2003.

**10** Scott R., 1991.

**11** Oates J. C., 1993.

**12** Chroniques de Candice Bushnell dans le *New York Observer*, 1994; e romance Albin Michel, 2000.

**13** Walter N. (auteure de *The New Feminism*), The Guardian, 29 de janeiro de 2004.

**14** You're a Bad Friend, *The Guardian*, 14 de abril de 2017.

**15** Shapiro Barash S., *Tripping the Prom Queen*, St Martin's Griffin, 2006, recuperado em marieclaire.fr

**16** *Cinderella Liberator*, Haymarket Books, 2019.

**17** Odile Jacob, 2014.

**18** Marieclaire.fr

**19** *Ibid.*

**20** Gargam A. et Lançon B., *Une histoire de la misogynie*, Arkhe, 2013.

**21** Capital.fr, 8 de agosto de 2018

**22** Wimadame.com

## 8. A CONFIANÇA NO CASAL

**1** Beigbeder F., *L'amour dure trois ans*, Grasset, 2001

**2** *Histoires d'amour, histoires d'aimer*, Pocket, 2004.

**3** *Le Temps*, 15 de fevereiro de 2019.

**4** Baromètre santé 2016.

**5** https://www.onsexprime.fr/

**6** L'Express, 24 de outubro de 2018.

**7** Psicóloga clínica, sexóloga, terapeuta individual, de família e de casal na cidade de Rouen.

**8** Leduc Éditions, 2008.

## 9. CRIANDO SUAS FILHAS COM AUTOCONFIANÇA PARA VIRAR O JOGO

**1** Disponível em https://aussi.ch/documents/280/quevoientlesenfants.pdf. Acesso em 10 set. 2025.

**2** Dafflon Novelle A., Sexisme dans la littérature enfantine, quels effets pour le développement des enfants ?, *Cahiers internationaux de psychologie sociale*, vol. 57, 2003 (disponível em: https://violenceverbale.hypotheses.org/files/2013/11/SexismeLitteratEnfants.pdf).

**3** *Ibid*.

**4** Caso narrado por Laurence Gutenmacher.

**5** O estudo contou com 326 crianças com idade de 7 a 13 anos.

**6** https://www.lse.ac.uk/News/Latest-news-from-LSE/2018/12-December-2018/%EF%BB%BFFathers-less-likely-to-hold-sexist-attitudes-if-they-have-a-girl

**7** De acordo com o *The Wall Street Journal* (26 de agosto de 2019), pela primeira vez na história, há mais mulheres do que homens no mercado de trabalho dos EUA com diploma de ensino superior. Pesquisa realizada pelo Céreq, França, 2015.

**8** Relatório HCE, 22 de fevereiro de 2017.

**9** Éducation: pourquoi l'école française est-elle encore jugée trop sexiste ?, 20 Minutes, 22 de fevereiro de 2017.

**10** Livro publicado em francês com o título *Tout se joue avant six ans*, de Robert Laffont, 1972.

**11** Os livros de Catherine Gueguen oferecem panorama muito claro sobre todas essas descobertas: *Pour une enfance heureuse*, Pocket, 2015, et *Heureux d'apprendre à l'école*, Les Arènes, 2018.

**12** *Les Françaises*, Rizzoli, 2017.

**13** Soniasieff.com

**14** Maison européenne de la Photographie, em Paris.

**15** Desoutilspourlaviedeparent.fr

**16** Caroline Pflimlin.

**17** Lunel P., *Kennedy, secrets de femmes*, éditions du Rocher, 2010.

**18** Pinkola Estes C., *Mulheres que correm com os lobos*, Rocco, 2023.

## 10. A FORÇA DOS EXEMPLOS

1 "Se uma mulher consegue decidir se seu filho mais velho, de 6 anos, ou o mais novo, de 4 anos, é quem receberá o último quadrado de chocolate, então ela está apta a negociar qualquer contrato no mundo", Anita Roddick.

2 *Business as unusual*, First Éditions, 2000.

3 Badham V., *The Guardian*, 28 de maio de 2019.

4 Delepaul M.J., Mentrification?, France Inter, 19 de julho de 2019.

5 fincoach.net

6 Simon and Schuster, 2019.

Este livro foi publicado em outubro de 2025, pela editora Nacional,
impresso pela Leograf em papel Pólen Natural 70 $mg^2$.